Über die physikalischen Grundlagen der  interstellaren Raumfahrt

FSC
www.fsc.org
MIX
Papier aus ver-
antwortungsvollen
Quellen
Paper from
responsible sources
FSC® C105338

Dr. rer. pol. Erik Kolek

Über die physikalischen Grundlagen der interstellaren Raumfahrt

Chroniken der Wirtschaftsinformatik-Physik (CWIP)

Band 2, Auflagen-Nr. 1.0

2024

Kolek, Erik (2024). Über die physikalischen Grundlagen der interstellaren Raumfahrt. In: *Chroniken der Wirtschaftsinformatik-Physik (CWIP)*. Band 2, Auflagen-Nr. 1.0. ISBN: 9783758387944.

Vorwort

Bei diesem Buch handelt es sich um eine wegweisende theoretische Abhandlung über die spezielle und allgemeine Relativitätstheorie von Albert Einstein mit dem Forschungsziel diese Theorien zu vervollständigen und zu ergänzen. Als Einführung werden die Grundlagen einer Wissenschaft von Allem beschrieben. Es entstehen anknüpfend eine erweiterte spezielle Relativitätstheorie und eine moderne anti-allgemeine Relativitätstheorie jeweils abgeleitet durch Erik Kolek. Das Gravitationsfeld Schwarzer Löcher an ihrem Ereignishorizont wird in einem Ausblick betrachtet, hierfür werden Arbeiten von Stephen William Hawking zitiert. Es wird eine Quantenfeldtheorie zur Erzeugung und Umwandlung von Lichtwärme vorgestellt. Das Werk besteht aus interessanten Einzelbeiträgen zu einzelnen Themenbereichen. Es handelt sich bei diesem Buch um eine wissenschaftliche Abhandlung im Fachbereich Wirtschaftsinformatik einerseits und Physik andererseits. Das Buch hat fachlich interessierte Leserinnen und Leser als Zielgruppe.

In diesem Buch geht es darum die physikalischen Grundlagen der interstellaren Raumfahrt aufzuzeigen. Bei der interstellaren Raumfahrt handelt es sich um das Reisen zwischen den Sternen wie etwa zwischen unserer Sonne und Proxima Centauri. Die Menschheit bzw. vielmehr deren Technologien befinden sich noch ganz am Anfang der technologischen Entwicklungsreihe genauso verhält es sich bei den physikalischen Grundlagen. Letztere müssen schrittweise aufgeführt und erklärt werden, um Reisen zwischen den Sternen zumindest theoretisch zu ermöglichen.

Das Problem der heutigen Physik ist der fehlende Glauben an die Möglichkeiten, welche sich durch die gezielte Erforschung der physikalischen Grundlagen für die interstellare Raumfahrt eröffnen. Deswegen gibt es kaum Arbeiten, welche sich mit Themen wie Überlichtgeschwindigkeit oder interstellaren Reisen beschäftigen. Diese Arbeit hat daher zum Ziel, die physikalischen Grundlagen der interstellaren Raumfahrt schrittweise aufzuzeigen und zwar so, dass das interstellare Reisen nicht nur für Physiker vorstellbar wird.

Kolek, Erik (2024). Über die physikalischen Grundlagen der interstellaren Raumfahrt. In: *Chroniken der Wirtschaftsinformatik-Physik (CWIP)*. Band 2, Auflagen-Nr. 1.0. ISBN: 9783758387944.

Alle Annahmen in dieser Abhandlung sind innerhalb des Standardmodells der Physik und basieren somit auf dem Entwicklungsstand der heutigen Wissenschaft (State-of-the-Art). Hierbei wird oberflächlich in die Dunkelheit des Raum-Zeit-Kontinuums abgetaucht und ein kurzer Blick hinter dieses Standardmodell der Physik wird in Aussicht gestellt. Die für meine Arbeit bedeutsamen verwandten, grundsätzlichen Theorien finden sich daher nur in den Originalwerken von Albert Einstein und Stephen William Hawking.

Einige meiner heutigen Forschungsgebiete und speziellen Interessen sind: (1) kosmologische Überlegungen, um Alles und die Entstehung des Raum-Zeit-Kontinuums zu erklären, (2) eine verbesserte Relativitätstheorie, um die Astrophysik mit der Quantenphysik zu verbinden, (3) Gravitation, einschließlich Quantengravitation, Supergravitation und Megagravitation, (4) vereinheitlichte Quantenfeldtheorien von Zeit, Materie, Gravitation, Licht, Wärme, Geschwindigkeit und (5) Quantentechnologien.

Kolek, Erik (2024). Über die physikalischen Grundlagen der interstellaren Raumfahrt. In: *Chroniken der Wirtschaftsinformatik-Physik (CWIP)*. Band 2, Auflagen-Nr. 1.0. ISBN: 9783758387944.

Mai 2024.   Dr. rer. pol. Erik Kolek, Diplom-Betriebswirt (FH), M.A., M.Sc.

Kolek, Erik (2024). Über die physikalischen Grundlagen der interstellaren Raumfahrt. In: *Chroniken der Wirtschaftsinformatik-Physik (CWIP)*. Band 2, Auflagen-Nr. 1.0. ISBN: 9783758387944.

Inhaltsverzeichnis

Kolek, Erik (2024). Über die physikalischen Grundlagen der interstellaren Raumfahrt. In: *Chroniken der Wirtschaftsinformatik-Physik (CWIP)*. Band 2, Auflagen-Nr. 1.0. ISBN: 9783758387944.

Kolek, Erik (2024). Über die physikalischen Grundlagen der interstellaren Raumfahrt. In: *Chroniken der Wirtschaftsinformatik-Physik (CWIP)*. Band 2, Auflagen-Nr. 1.0. ISBN: 9783758387944.

Kolek, Erik (2024). Über die physikalischen Grundlagen der interstellaren Raumfahrt. In: *Chroniken der Wirtschaftsinformatik-Physik (CWIP)*. Band 2, Auflagen-Nr. 1.0. ISBN: 9783758387944.

Kolek, Erik (2024). Über die physikalischen Grundlagen der interstellaren Raumfahrt. In: *Chroniken der Wirtschaftsinformatik-Physik (CWIP)*. Band 2, Auflagen-Nr. 1.0. ISBN: 9783758387944.

Kolek, Erik (2024). Über die physikalischen Grundlagen der interstellaren Raumfahrt. In: *Chroniken der Wirtschaftsinformatik-Physik (CWIP)*. Band 2, Auflagen-Nr. 1.0. ISBN: 9783758387944.

Erster Abschnitt: Über die Grundlagen einer Wissenschaft von Allem

Wissenschaftliche Zitierung:

Kolek, Erik (2024). Eine Erfahrungstheorie über die objektive Induktionsdenkweise und die subjektive Deduktionsdenkweise führt zur Wissenschaft von Allem. In: *Über die physikalischen Grundlagen der interstellaren Raumfahrt.* Chroniken der Wirtschaftsinformatik-Physik (CWIP). Band 2, Auflagen-Nr. 1.0.

Erik Kolek (2024)

Eine Erfahrungstheorie über die objektive Induktionsdenkweise und die subjektive Deduktionsdenkweise führt zur Wissenschaft von Allem

Zusammenfassung

Motiviert durch die bestehenden gedanklichen Eingrenzungen des heutigen Wissenschaftssystems, das der Erfahrung nach auf althergebrachten Organisationsstrukturen und klassischen Denkweisen beruht, hat Erik Kolek als ein Experte für Theoriebildung und Forschungsmethoden in der Wirtschaftsinformatik-Physik, die subjektive deduktive Denkweise von Albert Einstein und Stephen Hawking ergründet, um darauf aufbauend ein existierendes Kopernikus-Problem zu lösen, denn wie sonst sollte heute eine einzelne von der Norm abweichende Subjektivität eine feststehende Gruppensubjektivität überzeugen können? Das könnte nur gelingen, wenn dieses veraltete Wissenschaftssystem die induktive objektive Denkweise völlig aufgibt, da im Universum einfach gesagt keine Objektivität theoretisch denkbar ist; nur die subjektive Deduktionsdenkweise sollte mit unserem Universum koinzidente Forschungsergebnisse ermöglichen. Die Objektivität zerfällt bereits wenn allgemein nur an einen Kreis gedacht wird, denn handelt es sich hierbei nicht auch um eine geschlossene gebogene Linie? Für den einen ist es ein Kreis und für den anderen Menschen eine geschlossene gebogene Linie, das bleibt auch so unabhängig von einer erdachten Forschungsmethode, welche objektiv induktiv

Kolek, Erik (2024). Über die physikalischen Grundlagen der interstellaren Raumfahrt. In: *Chroniken der Wirtschaftsinformatik-Physik (CWIP)*. Band 2, Auflagen-Nr. 1.0. ISBN: 9783758387944.

beweisen soll welche der beiden Interpretationen nun die wahre erfahrbare Welt wiederspiegelt? Die Antwort lautet beide subjektiv abgeleitete Erkenntnisse sind jeweils als eine Substitution denkbar, das entspricht einer Sowohl-Als-Auch-Logik, welche allgemein mit dem Universum übereinstimmender erscheint als eine Entweder-Oder-Logik nach Aristoteles. Unabhängig von einer Forschungsmethode bleibt also stets eine Interpretation von Gedanken eigentlich nur eine phantasierte Interpretation von Einzelnen oder Gruppen. Es werden jedoch keine neuen Gedanken, auch nicht aus Schnittmengen, erzeugt, so entstehen falsche Wahrheiten, welche als gemeinsam erdachte Illusionen zu enttarnen sein müssten, insbesondere weil oft nur ein textuelles begrenztes Verständnis aufgebaut wird; hierbei fehlt die visuelle und mathematisch geometrische ganzheitliche Bedeutung. Bei dieser Arbeit handelt es sich daher um eine auf der Grundlage von persönlicher Erfahrung abgeleitete Theorie, welche ausgehend von der objektiven Induktionsdenkweise die klar ersichtlichen Vorteile der subjektiven Deduktion beschreibt, da diese Denkweise zu einer einheitlichen Wissenschaft von Allem durch die Fusion aller Fachgebiete unter Berücksichtigung der Praxis führt.

Eine Erfahrungstheorie über die objektive Induktionsdenkweise und die subjektive Deduktionsdenkweise führt zur Wissenschaft von Allem

In diesem Forschungsartikel basieren alle Aussagen rein auf meiner persönlichen Meinung und Erfahrung, welche ich vor allem durch mein privates Interesse an der Quantenastrophysik und während meiner Zeit in der Wissenschaft in verwandten Fachgebieten wie der Wirtschaftsinformatik also allgemein an Universitäten, Hochschulen und auf Fachkonferenzen sowie damit verbundenen Beobachtungen während meinen dortigen Forschungsaufenthalten gesammelt habe. Hierauf aufbauend möchte ich nachfolgend eine Theorie bilden, die inhaltlich meiner persönlichen Forschungsphilosophie entspricht, also wie ich meine fortschrittlichere Wissenschaftsanschauung mithilfe der allgemein akzeptierten Deduktion besser gelernt habe zu verstehen.

Kolek, Erik (2024). Über die physikalischen Grundlagen der interstellaren Raumfahrt. In: *Chroniken der Wirtschaftsinformatik-Physik (CWIP)*. Band 2, Auflagen-Nr. 1.0. ISBN: 9783758387944.

Verallgemeinernd könnte gesagt werden (Abbildung 1), dass aufgrund feststehender, klassischer Organisationsstrukturen und Kooperationsgedanken sich in der Wissenschaft eine nur dem Anschein nach objektive Induktionsdenkweise des Menschen durchgesetzt haben könnte. Es könnte sich allerdings hierbei allgemein um eine falsche Denkweise handeln, wie sich später herausstellen müsste, denn die Welt wird hier nach meiner Meinung sehr oft wie ein objektiver Gegenstand betrachtet. Die Frage lautet hier wahrscheinlich nicht nur für mich: Kann die Welt als ein Gegenstand überhaupt objektiv sein? Die Welt besteht aus all dem was sich Menschen im Universum vorzustellen in der Lage sind. Es ist für mich möglich mir die Welt, also das Universum als einen Gegenstand vorzustellen. Zum Beispiel als ein mit vielen vermeintlich verschiedenen Strukturen und Maserungen verschönerter Holzfußboden, der mich bzw. uns alle zusammen allgemein an den Planeten Jupiter und sein bekanntes rotes Sturmauge erinnern könnte, weiter entfernte Holzmaserungen bzw. daraus entstehende Muster könnten die Raum-Zeit für uns rein gedanklich in einem Modell darstellen.

Wir haben also gemäß der Erfahrungstheorie gelernt, dass die Welt als Gegenstand denkbar sein sollte, jedoch wie bekommen wir hier die Objektivität rein oder was könnte Objektivität darstellen, ohne sich dabei subjektiv auf das Denken des Menschen zu beziehen: Ist das die Philosophie? An dieser Stelle erscheint es mir bereits höchst schwierig einen objektiven Gedanken gemäß der Wahrheit entsprechend einzufügen, aber ich möchte es für mein Ziel eines Aufbaus eines einzigen gemeinsamen Wissenschaftsverständnisses trotzdem versuchen. Denken wir beispielsweise in der Gruppe, so können wir auch nicht dadurch objektiver werden, da es sich stets um einzelne Gedanken handeln sollte, deren Schnittmenge auch nur eine Subjektivität in Form einer Übereinstimmung darstellen sollte; eine gefundene Übereinstimmung bedeutet deswegen noch keine einzig richtige Wahrheit. Es sollte sich hierbei um eine sogenannte trügerische, illusionsbedingte Wahrheit handeln, die in Wirklichkeit viel zu oft und möglicherweise zu spät erkannt eher einer Falschheit gleichen könnte.

Eigentlich sollte ich gemäß meiner Wissenschaftsphilosophie bereits jetzt gezeigt haben, dass sich keine Objektivität in unseren Gedanken finden lassen sollte und wenn dann sollte dies lediglich dem Anschein nach so sein. Induktion bedeutet Herleitung, kann ich also vielleicht durch Induktion aufgrund von Erfahrung an Objektivität in meinen Gedanken gewinnen? Wie viel Erfahrung benötige ich hierfür; genügt vielleicht doch nur eine einzige Erfahrung? Sammeln die Menschen allgemein und insbesondere Wissenschaftler im Speziellen mehr als eine Erfahrung so tendieren diese zu einer Entweder-Oder-Logik nach Aristoteles, das bedeutet, sie versuchen, weil sie es so gelernt haben und das allgemein so akzeptiert wird, eine ausschließende Logik zu verstehen und anzuwenden, wie zum Beispiel indem diese ein Literaturreview zu einer Forschungsfrage durchführen und ganz viele Aspekte (fast wie fleißige Bienen) zusammentragen. Dann werden diese ansprechenden (süßschmeckenden Honig-)Aspekte, die auch nur Gedanken anderer bzw. von Menschen darstellen, wieder gedanklich (subjektiv) versucht systematisiert zu ordnen (beispielsweise mit Gedankenklassifikationskriterien), damit endlich die gewünschte und trotzdem trügerische, illusionsbedingte Objektivität entstehen könnte. Objektivität erscheint mir bzw. uns immer noch nicht gegeben zu sein, deswegen versuche ich es jetzt mit evidenzbasiertem Denken.

Jetzt sind aber die zu suchenden Aspekte speziell auf die Nachhaltigkeit bezogen und ich habe beispielsweise mit einem rein fiktiv erdachten Literaturreview herausgefunden, dass es soziale, ökonomische und ökologische Aspekte geben könnte und ich möchte natürlich um objektiv zu bleiben, die erlernte und gemeinsam geteilte Entweder-Oder-Logik versuchen anzuwenden. Beispielsweise indem ich eine riesige vollumfängliche, also super repräsentative Befragung aller Menschen auf der Welt durchführe und diesen genau diese drei eigentlich doch beliebig (also subjektiv) ausgewählten Nachhaltigkeitsaspekte als eine Frage stelle. Wie ich wahrscheinlich vorher gedacht haben könnte, erhalte ich dann als Antwort die ökologischen Aspekte, aber wurden dadurch wirklich die anderen Aspekte ausgeschlossen oder könnte ich dadurch eine allgemein gültige Sortierung erhalten haben wie zum Beispiel ökologische Aspekte, ökonomische Aspekte und als letzten Punkt soziale Aspekte? Also auch wenn alle Menschen auf der Welt an meiner Online-Befragung als eine erdachte Forschungsmethode zur Erzeugung von gedachter Objektivität teilnehmen würden, dann hätte ich zwar eine unvorstellbar große Gruppenmeinung erhalten, die aber trotzdem immer in sich subjektiv bleiben sollte; egal welche Forschungsmethode ich mir auch einfallen lasse.

Objektivität sollte in der Wissenschaft auch über eine gemeinsam geteilte Schreibweise möglich sein, so wie ich beobachtet habe, handelt es sich hierbei um eine rein textuelle, zweidimensionale Logik bzw. ein leider meistens nur zweidimensional vorhandenes Textverständnis das von A zu B führt, B führt zu C, C führt zu D, aber das D vielleicht mit A zusammenhängt, fällt so raus, weil die Texte allgemein ohne eine bildliche Vorstellung verfasst werden; sollte dies bei sehr wenigen Ausnahmen nicht so sein, dann sollte es sich automatisch um die subjektive Deduktionsdenkweise handeln auf die im nächsten Absatz noch tiefer eingegangen wird. Wissenschaftler sammeln sich gerne wie auch alle anderen Menschen in Gruppen, das nennen sie beispielsweise Fachabteilungen und jede Fachabteilung hat natürlich ihre speziellen Aufgaben vorgegeben, durch welche sie ihre eigenen Gedanken begrenzen und das könnte von einem außenstehenden Beobachter wie mir folgendermaßen wahrzunehmen bzw. zu sehen sein.

Sobald ein neuer Gedanke entweder aus der Gruppe heraus oder von außen von einem Einzelnen in das etablierte Gruppendenksystem eingebracht wird, fängt die Diskussion über den neuen Gedanken an, das bedeutet, die Gruppe versucht objektiv zu überprüfen, ob der jeweilige Gedanke in das bereits etablierte Gruppendenksystem passt oder nicht. Passt der Gedanke nicht, obwohl er wahr sein könnte, wird dieser Gedanke trotzdem von der Gruppe allgemein nicht akzeptiert. Das könnte auch damit begründet sein, dass allgemein eher fremden Beobachtungen vertraut wird, man sichert sich sozusagen bei der Entscheidung durch die Gruppe ab und man glaubt daher eine objektive Entscheidung getroffen zu haben; das ist leider viel zu oft nicht

Kolek, Erik (2024). Über die physikalischen Grundlagen der interstellaren Raumfahrt. In: *Chroniken der Wirtschaftsinformatik-Physik (CWIP)*. Band 2, Auflagen-Nr. 1.0. ISBN: 9783758387944.

der anthropologische Fall gemäß der menschlichen Intelligenz. Gedanken werden also tendenziell individuell und in der Gruppe interpretiert, um einen gemeinsamen Nenner zu finden, das wiederum den Versuch zur Erzeugung von Objektivität darstellt; genauso ist es auch bei dem Beispiel des Literaturreviews als eine meist illusorische objektive Forschungsmethode.

Auf der anderen Seite wird auch individuell gedacht, jedoch oft in Verbindung mit Interpretationen von Gedanken, welche zwei verschiedene Gedanken zu einem Gedanken verschmelzen soll, jedoch bleibt stets ein Gedanke ein Gedanke und sollte daher nicht interpretierbar sein, genauso wenig wie es bei der Suche nach der Wahrheit sinnvoll erscheint stets Gemeinsamkeiten zu suchen, denn das sind auch Gedanken, auch hier sind trügerische, illusionsbedingte, also falsche Gedanken möglich, da allgemein gesagt, der falsche schwarze Schwan gedanklich gejagt wird; mein gedanklicher Theorieschwan ist deswegen bei jeder Wissensjagd immer richtig weiß am Ende der Theoriebildung. Eine isolierte Denkweise durch eigene Gedanken wie zum Beispiel ich finde nur das oder jenes richtig, sollte ebenfalls zu einer allgemein falschen Denkweise führen, weil hier wieder wertvolle Aspekte verloren gehen könnten. Die Trennung von Theorie und Praxis erscheint daher auch wenig sinnvoll zu sein. Formuliere ich beispielsweise eine Theorie und vernachlässige feststehende (bzw. zu mindestens denkbare) Erfahrungen, beispielsweise gegeben durch die Ergebnisse von bereits durchgeführten Experimenten wie in der messenden Physik, so erhalte ich nur die halbe Wahrheit. Diese halbe Wahrheit kann auch eine Falschheit darstellen, welche wiederum trotzdem als richtig gedacht wahrgenommen (verstanden) werden könnte, jedoch trotzdem eine Illusion in den Gedanken letztendlich repräsentieren sollte. Wissenschaftler glauben daher allgemein auch fest an ihre (veröffentlichten) Ergebnisse, jedoch heißt dieser Glaube auch geteiltes Wissen. Viele oder vielleicht sogar die meisten Wissenschaftler sind ängstlich was ihre Meinungen gegenüber anderen Wissenschaftlern angeht, bloß nichts Falsches sagen, denn was könnte sonst mein Chef oder Kollege von mir denken. Wissenschaftler agieren allgemein daher eher angstvoll und sind sehr abhängig von

Kolek, Erik (2024). Über die physikalischen Grundlagen der interstellaren Raumfahrt. In: *Chroniken der Wirtschaftsinformatik-Physik (CWIP)*. Band 2, Auflagen-Nr. 1.0. ISBN: 9783758387944.

der jeweiligen Gruppe, wie von ihrer Fachabteilung in der sie sich befinden. Insgesamt könnte es sich bei der objektiven Induktion um eine (sehr oft untereinander abhängige Schwarmdenkweise fast wie von Bienen bzw.) meistens ineffiziente Gruppendenkweise von Menschen handeln. Jetzt sollte wirklich jeder Mensch auf der Welt verstanden haben, dass Objektivität (nahezu) einer Subjektivität gleichen sollte und damit am ehesten einer Relativität entsprechen sollte, was dazu führen sollte, dass die Objektivität als solche eine Elimination erfahren könnte; eine objektive Induktion erscheint mir deswegen unmöglich zu sein.

Allgemein führt dagegen die individuelle bzw. subjektive Deduktion (Ableitung, also die Denkweise wie das Albert Einstein oder auch Stephen Hawking in der Quantenphysik gemacht haben) zu einer speziellen Wahrheit bzw. der einzigen Wahrheit. Die subjektive Deduktion sollte auch stets, sobald diese Denkweise einmal richtig verstanden wurde, zu keiner Falschheit mehr führen, wie das bei der allgemein falschen Denkweise der objektiven Induktion der wissenschaftsphilosophische Fall sein sollte (Abbildung 1). Das ist auch ein Grund warum ich mir persönlich die objektive Induktion abgewöhnt habe zu denken (menschliche Intelligenz), denn diese erscheint mir höchst ineffizient und keine individuelle Denkweise zu sein. Eine Umstellung von der objektiven Induktion auf die subjektive Deduktion ist reine Gewöhnungssache und es braucht etwas Übung und nicht wieder in alte Verhaltensmuster (Denkmuster) zu rutschen.

Natürlich nutze ich nun einfachhalber meine Phantasie, das sind erfundene Gedanken zu einem bestimmten Thema, für mein Denken und auch für die Darstellung meiner Gedanken in Modellen und Visualisierungen unterstützt es mich sehr, sobald ich anfange visuell, textlich und mathematisch gleichzeitig zu denken; ähnlich wie dies der hilfreiche physikphilosophische Fall für Newton gewesen sein müsste bei seiner (subjektiven) Ableitung der klassischen Mechanik. Eine visuelle Logik ist stets mehrdimensional und daher sollte diese insbesondere auch aufgrund der bildlichen Vorstellung von Gedanken einer rein textuellen Logik, die gedanklich

Kolek, Erik (2024). Über die physikalischen Grundlagen der interstellaren Raumfahrt. In: *Chroniken der Wirtschaftsinformatik-Physik (CWIP)*. Band 2, Auflagen-Nr. 1.0. ISBN: 9783758387944.

zweidimensional ohne eine Vorstellungskraft auch von den Inhalten die über den Satzbau hinaus gehen geformt ist, überlegen sein, denn bei solchen Zweidimensionstexten erscheint es mir fast so als würde immer etwas Inhalt fehlen.

Das könnte letztendlich auch an den verschiedenen Gehirnen der Menschen liegen, welche Informationen unterschiedlich zu Wissen weiterverarbeiten könnten, gemeint ist hierbei nicht das menschliche Gedankenleistungspotenzial wie das mit der Intelligenz allgemein gedanklich verbunden wird, nein, dieses Intelligenzpotenzial halte ich bei uns Menschen sogar für unendlich gedanklich erweiterbar (natürlich könnten Ausnahmen aufgrund von biologischen Gesundheitsvoraussetzungen bestehen), denn wir könnten uns unserer Gedankenfähigkeiten noch nicht ganz bewusst, seit der menschlichen Evolution, geworden sein.

Subjektive Deduktion sollte stets zu individuellem Wissen führen, das nicht tiefer oder weiter interpretierbar sein könnte, wie zum Beispiel ein Kreis ist rund. Könnte ich jetzt hier etwas anderes denken, also hinein interpretieren, als ob es sich hierbei auch um eine geschlossene runde Linie handeln könnte? Textuell gesehen anscheinend schon, jedoch bildlich nein, hier sind wir wieder bei dem Punkt visuelle Logik mit Vorstellung von den Inhalten die es zu erfahren gilt, denn mittels subjektiver Deduktion sollte jeder Mensch die Analogie hier gemäß der sphärischen Geometrie vor dem geistigen Auge erfahren können: runder Kreis gleich geschlossene runde Linie. Das ist gleichzeitig wieder eine Sowohl-Als-Auch-Logik wie leicht zu erkennen sein sollte. Solche umfassenden Wissenserfahrungen gemäß der Sowohl-Als-Auch-Logik gleichen einer ganzheitlichen Denkweise, denn Informationen sollten normalerweise solange angesammelt werden bis gedanklich ein Gesamtbild von einem Thema entsteht, denn verstehe ich beispielsweise jetzt die Form eines Kreises, so könnte ich mir auch die Form einer Kugel (ohne weitere lesbare Informationen zu benötigen) bewusst machen, indem ich mir einen Kreis als Äquator vorstelle und um den ich einen weiteren Kreis zeichne, so sollte eine wirklich einfache Form einer sphärischen Geometrie mir gedanklich auffallen, weil ich dazu gelernt haben könnte.

Kolek, Erik (2024). Über die physikalischen Grundlagen der interstellaren Raumfahrt. In: *Chroniken der Wirtschaftsinformatik-Physik (CWIP)*. Band 2, Auflagen-Nr. 1.0. ISBN: 9783758387944.

Wenn es sich bei einer Theorie nur um Gedanken handeln sollte, dann könnte es mir wirklich schwer fallen Erfahrungsaspekte hinsichtlich der Praxis damit nicht automatisch (fast wie ein gedanklicher Algorithmus im Gehirn) auch damit zu verbinden, denn zum Beispiel, da ich jetzt ein brauchbares, also allgemein mit der Natur übereinstimmendes Kugelverständnis aufgebaut habe, könnte ich auf die Idee kommen diese zwei Kugeln einen schrägen Abhang rein gedanklich hinunter rollen zu lassen. Denn was würde passieren wenn zwei unterschiedlich große Kugeln jeweils oben auf einem gleichbeschaffenen Dreieck stehen und dann losgelassen werden? Jeder sollte sich rein gedanklich jetzt vorstellen können, dass eine der Kugeln vielleicht schneller unten ankommt als die andere Kugel? Wäre es jetzt auch möglich zu denken, warum die eine Kugel schneller als die andere Kugel unten ankommen könnte? Dazu müssten wir uns beide Kugeln mal gedanklich näher anschauen, denn wahrscheinlich ist eine Kugel nicht nur größer, sondern wahrscheinlich deswegen auch schwerer als die andere Kugel. Mit dieser gedanklichen Feststellung über eine denkbare, also möglichen Eigenschaft einer Kugel können wir nochmals zurück zu unserem Gedankenmodell gehen, das sich aufbaut aus zwei unterschiedlichen Kugelgrößen, die auf zwei einheitlichen Dreiecken oben stehen und runterrollen sollten, sobald wir beide Kugeln gedanklich mit unseren Fingern loslassen. Jetzt haben wir obwohl das nur eine gedankliche Theorie darstellt auch für die Praxis gelernt, dass das allgemeine Kugelrollverhalten mit dem Gewicht von Körpern zusammenhängen könnte. Aber wir wissen noch nicht warum die zwei Kugeln, obwohl sie vielleicht unterschiedlich schwer sein könnten, denn leider könnten wir auch noch nicht gelernt haben wie also ein Gewicht in einheitlichen Maßstäben bzw. mit einem gleichbeschaffenen Gewichtsgerät angegeben werden könnte, trotzdem, wenn wir beide Kugeln fallen lassen, unten gleichzeitig aufschlagen und warum dem so ist.

Woraus könnte dann ein Kugelrollverhalten bestehen, könnten wir uns jetzt fragen? Dazu müssten wir das Kugelrollverhalten auf den Dreiecken besser untersuchen. Beide bewegen sich scheinbar unterschiedlich schnell, das könnten wir als

Kolek, Erik (2024). Über die physikalischen Grundlagen der interstellaren Raumfahrt. In: *Chroniken der Wirtschaftsinformatik-Physik (CWIP)*. Band 2, Auflagen-Nr. 1.0. ISBN: 9783758387944.

Geschwindigkeit wörtlich also wieder gedanklich bezeichnen und den Unterschied zwischen den Geschwindigkeiten einfachhalber die jeweilige Beschleunigung gedanklich nennen. Jetzt sollten wir also alles zusammen subjektiv deduktiv ein mögliches (denkbares) Resultat aufgestellt (bzw. abgeleitet) haben, das wir auch benötigen sollten, nicht mehr und nicht weniger, denn wozu sich mehr Arbeit als notwendig machen. Wir könnten jetzt folgende Aussage (Axiom) treffen: *Schwere Kugeln beschleunigen allgemein langsamer als leichte Kugeln und daher könnte sich auch beobachten lassen, dass die vor dem geistigen Auge gesehene Bewegung schräg nach unten schwererer Kugeln immer gleichzeitig eine niedrigere Geschwindigkeit als von leichteren Kugeln erklären könnte, sollte die allgemeine Bewegung von Kugelkörpern für die Forschenden von Interesse sein.* Jetzt haben also alle als ein Beispiel die Wissenschaftsphilosophie von Galileo Galilei erfahren bzw. gelernt, ohne sich großartig dabei anzustrengen oder diese Inhalte sogar auswendig lernen zu müssen; das war doch mal einfach und nicht schwer oder?

Es handelt sich hierbei also auch um eine Theoriebildung mit Evaluation, obwohl die Evaluation durch ein Experiment, wie nun anzunehmen sein könnte, nur nochmal die gedachten Inhalte bestätigen könnte, das sozusagen nochmals eine nur scheinbar objektive Induktion als allgemein falsche Denkweise wirklich überflüssig erscheinen lassen sollte. Die Wahrheit sollte also wirklich stets echte, das bedeutet, brauchbare beziehungsweise mit der physikalischen Wirklichkeit übereinstimmenden Ergebnisse erzeugen beziehungsweise diese rein gedanklich hervorbringen können, hier bedeutet also Wissen nicht Glauben sondern Wissen gleicht der tatsächlich gedachten (und/oder gemachten) Erfahrung, da nur subjektive Gedanken über das Kugelrollverhalten für diese Ableitung genutzt wurden. Daher könnte die subjektive Deduktion, obwohl sie niemals objektiv sein sollte, da alles im Universum einer Subjektivität gleichen sollte, man denke nur an die zwei Kugeln von Galileo Galilei, völlig ohne Angst und ohne an eine Gruppe bzw. deren Meinungsvorgabe einhalten zu müssen gedanklich wahr (also richtig) ablaufen, denn hierbei dreht es sich nicht nur dem Anschein nach um eine höchst effiziente Einzeldenkweise, welche unsere

Kolek, Erik (2024). Über die physikalischen Grundlagen der interstellaren Raumfahrt. In: *Chroniken der Wirtschaftsinformatik-Physik (CWIP)*. Band 2, Auflagen-Nr. 1.0. ISBN: 9783758387944.

spezielle Denkweise als die einzig wahre Denkweise des Menschen in unserem Universum darstellen sollte. Dies sollte sich auch darin bestätigen, sofern wir als ein weiteres Beispiel an die eingeführte mehrdimensionale Denkweise hinsichtlich eines Holzfußbodens denken, der dem Jupiter nicht nur rein in unserer Phantasie also mit der subjektiven Deduktion auch tatsächlich in vielen Strukturen und Mustern der physikalischen Wirklichkeit entsprechen könnte.

Abbildung 1. Subjektive Deduktion im Vergleich mit der nur anscheinend objektiven Induktion, obwohl beide Denkweisen der Erfahrungstheorie gleichen sollten.

Da ich bisher die für mich relevanten Arbeiten von Albert Einstein gelesen und auch verstanden haben müsste, denke ich zumindest für mich, dass Albert Einstein auch nur eine subjektive deduktive Denkweise angewandt haben könnte bzw. dieser wissenschaftsphilosophisch gefolgt sein sollte; zur Erinnerung auch hier handelt es sich um meine alleinige persönliche Meinung und Erfahrung (Abbildung 2). Albert Einstein akzeptiert in seinen Arbeiten immer nur die Wahrheit und nichts anderes, also nichts Falsches, welches er sicherstellt, indem er sein umfangreiches geometrisches Wissen anwendet und damit auch alles erklärt. Er prüft also jeden möglichen freien Gedanken, den er für relevant zu denken hält, dabei orientiert er sich auch an bereits feststehenden Axiomen wie denen nach Euklid und prüft sozusagen

Kolek, Erik (2024). Über die physikalischen Grundlagen der interstellaren Raumfahrt. In: *Chroniken der Wirtschaftsinformatik-Physik (CWIP)*. Band 2, Auflagen-Nr. 1.0. ISBN: 9783758387944.

das Zutreffen der Möglichkeit des Gedankens bzw. dessen Existenz, also ob der Gedanke flüssig, sinnvoll und daher richtig gedacht werden kann. Vor allem erscheinen Verbindungen mit vorherigem Wissen wichtig zu sein, manchmal wiederholt Albert Einstein daher die zuvor gesagten Inhalte. Er bringt teilweise geschichtenartige Gleichnisse für die Erhöhung des Physikverständnisses ein. Er adressiert Leser, das bedeutet für mich, dass er auch Studierende anderer Wissenschaften und Allgemeininteressierte dazu einlädt ihm also seinen Physikgedanken zu folgen. Er verwendet eine bildhafte lebendige Sprache mit vielen Analogien, deswegen stellen seine Sätze dem Prinzip nach ebenfalls geometrische und/oder mathematische zu verstehende Bedeutungen dar, natürlich nutzt er dafür auch viele Formeln, aber diese Gleichungen sind keine reine Mathematik, sie beschreiben stets das Universum und das beobachtbare Verhalten von Körpern und deren Wechselwirkungen, dazu denkt er oft an Koordinatensysteme.

Der Schlüssel zum Verständnis hinsichtlich der Arbeiten von Albert Einstein ist langsames, Bild für Bild vorstellendes Lesen, überspringt man auch nur einen Satz ohne vollständiges Verständnis, dann kommt kein Gesamtverständnis oder ein fehlerhaftes Verständnis zustande. Ein fehlerhaftes Verständnis beispielsweise ist es zu glauben, dass Albert Einstein ein Gebiet im Sinne einer zweidimensionalen Fläche wie einer Raum-Zeit beschreibt in der ein schwerer Körper wie die Sonne liegen würde, das ist eine absolute Falschheit, denn er meint im eigentlichen Sinne eher eine mindestens vierdimensionale Raum-Zeit deren Bereiche getrennt voneinander betrachtet werden können. So in etwa wie die Raum-Zeit um die Sonne herum aber genauso wie die Raum-Zeit um die Erde herum; diese sind für Albert Einstein verschieden und werden nach Lorentz transformiert, also verbunden, das dann sozusagen elf Dimensionen ergeben könnte, da drei Dimensionen für die Verbindung (Transformation) benötigt werden und je vier Dimensionen für je ein Ereignispunkt innerhalb der Raum-Zeit, wofür nur eine Zeitdimension für zwei vierdimensionale Raum-Zeiten gleichzeitig gedacht werden kann nach Albert Einstein. Daher sind nur 10 Dimensionen denkbar; hierbei existiert keine Zeit, sondern Zeit ist relativ, das

Kolek, Erik (2024). Über die physikalischen Grundlagen der interstellaren Raumfahrt. In: *Chroniken der Wirtschaftsinformatik-Physik (CWIP)*. Band 2, Auflagen-Nr. 1.0. ISBN: 9783758387944.

bedeutet, nur gleichzeitig zwischen zwei Punktereignissen wie zwischen Sonne und Erde vorhanden, das bedeutet aber nicht, dass auf der Sonne dieselbe Zeit wie auf der Erde auf einer Uhr eingestellt sein könnte, denn es könnten auch unterschiedliche Zeitregionen aufgrund der Gravitation vorhanden sein. So verstehe ich das jedenfalls momentan, das heißt nicht, dass ich meine Meinung bzw. Erfahrung nicht nochmals ändern könnte im Laufe der nächsten Planetenbewegungen.

Albert Einstein übernimmt nur für ihn denkbare, also wahre Erkenntnisse von anderen Wissenschaftlern, meistens Physikern und Mathematikern, diese prüft er normalerweise vorher gedanklich und beschreibt diese, darauf sollten diese auch für ihn subjektiv deduktiv denkbar erscheinen und genutzt werden können; alle sonstigen schließt er aus. Er sieht und betrachtet stets seine Umwelt, also alles das was er um sich herum sehen kann. Das sind die Gegenstände, die Menschen, die Sterne, einfach alles, worauf er dann verstehen möchte, warum das Verhalten, das er an Gegenständen, an Menschen, an Sternen usw. entdeckt hat und wie das Verhalten, also die ihm ungewöhnlich auffallenden Phänomene, erklären könnte. In seiner Erklärungsweise (also in seiner Erfahrungstheorie gemäß seiner Realität) ist er immer positiv und sachlich, dabei nutzt er stets Geometrie oder Mathematik, aber stets mit einem Physikgedanken im Hintergrund. Seine Inhalte beschreibt er wirklich ausführlich und teilweise über mehrere Seiten, dafür aber immer lückenlos. Jedoch fordert er manchmal den Leser zum Weiterdenken auf, das ist für ihn derjenige der seine Gedanken voll verstanden hat, also aus meiner Sicht eigentlich eine persönliche Ansprache, insbesondere an einer Stelle wo sich alles um die Entwicklung einer vollendeten Theorie zum Thema Lichtkörper dreht. Sein Satzbau ist ausführlich, lang, sehr verschachtelt, teilweise deswegen für viele Menschen mit induktiver objektiver Denkweise schwierig zu lesen, weil die Sprache mittlerweile mehr als 100 Jahre alt ist, aber ich habe mich an diese Schreibweise gewöhnt, es ist also ein Wollen und ein Sein, die sehr ausgeschmückt ist mit Anekdoten (kurze ausschweifende und auflockernde Geschichten) und allgemein vielen Inhalten.

Kolek, Erik (2024). Über die physikalischen Grundlagen der interstellaren Raumfahrt. In: *Chroniken der Wirtschaftsinformatik-Physik (CWIP)*. Band 2, Auflagen-Nr. 1.0. ISBN: 9783758387944.

Albert Einstein verbindet gedanklich die Raum-Zeit mit einer Stab-Uhr, das bedeutet, der Raum gleicht einem Koordinatensystem auf dessen Achsen die verschiedensten Stäbe (Längeneinheiten) unterschiedlich ablegbar sein sollten, die Zeit verbindet er nur gedanklich für uns Menschen mit einer Uhr und nicht weil eine Zeit existiert, damit möchte er nur Ereignismomente zeitlich feststellen beziehungsweise erklären, wofür nach Albert Einstein stets zwei Momente notwendig erscheinen. Also geht es nicht um die Zeit so wie wir sie im Alltag und Beruf leben, sondern um den Zeitbegriff, das Zeitverständnis, die Zeitdefinition, allgemein unser Zeitgedanke (beziehungsweise das was wir von Zeit denken, entspricht der Zeit), der für Albert Einstein falsch erscheint, das könnte daran liegen, dass er aufgrund seiner Auffassungsgabe insbesondere die Sonnenbewegung, vielleicht auch unsere Erdbewegung anders mit seinen Augen wahrgenommen haben könnte, in etwa so als ob zwischen morgens und abends je zwölf Stunden liegen würden, also zwei Sonnenpositionen (Orte an denen sich die Körper zu einer bestimmen Zeit befinden) durch ein anderes Zeitverständnis klar bestimmt sein könnten; auch dieses Uhrenverständnis scheint oft nicht nur in der Physik falsch verstanden worden sein. Denn wäre das nicht so, dann wären unsere technologischen Entwicklungen bestimmt bereits viel weiter fortgeschritten als heute.

Albert Einstein verwendet, falls vorhanden, Beweise als Modellbestandteile die er in seine Theorien einarbeitet wie beispielsweise in seine (allgemeine) Relativitätstheorie. Hier ist es die objektiv nicht vorhandene Bestätigung der Lichtgeschwindigkeit, welche meines Wissens nach nur in einer Flüssigkeit auf der Erde im luftleeren Raum (Vakuum) und nicht übereinstimmend bestimmt draußen im Universum „mit menschlichen Augen gesehen" wurde, und jedoch daher lediglich eine vorhandene Limitation des allgemeinen Naturgesetzes der konstanten Lichtgeschwindigkeit c darstellen sollte. Beweisanteile sind für ihn ebenso Axiome (Sätze, Ausdrücke, Gleichungen) und feststehende allgemeine Naturgesetze, auch wenn diese von anderen Physikern ihren Ursprung haben sollten. Wissen entsteht in den Arbeiten von Albert Einstein rein aus Gedanken, das bedeutet, versteht man seine

Kolek, Erik (2024). Über die physikalischen Grundlagen der interstellaren Raumfahrt. In: *Chroniken der Wirtschaftsinformatik-Physik (CWIP)*. Band 2, Auflagen-Nr. 1.0. ISBN: 9783758387944.

Gedanken so hat man sein Wissen verstanden, das könnte sogar so weit gehen, dass man sein Wissen wie eine mathematische Folge in sich aufnehmen könnte, das wäre dann eine tiefgreifende persönliche Gedankenveränderung beziehungsweise eine menschliche Intelligenzerhöhung, und man könnte fast sogar ein neues inneres, mentales Modell bilden, also eine neue individuelle Realität, die sich mit den einzelnen Gedankenrealitäten anderer Menschen unterscheiden könnte. Albert Einstein hat trotz aller Theoriegröße gemessen an dessen Wahrheitsgrad auch Kritiker, das ist mir bekannt, hier begegnet er eher argumentativ und positiv gelaunt, positiv meint, denkbares also wahres Wissen wird von ihm allgemein akzeptiert und falsches Wissen nicht einfach ignoriert (beziehungsweise auch nicht einfach vergessen), hierbei gibt es zwar keinen Platz für eine Gruppenlogik, aber die Meinung anderer Menschen wird von ihm allgemein geschätzt, weil das auch einfach nicht anders möglich im Falle von Albert Einstein erscheinen sollte. Insgesamt ist die subjektive Deduktion von Albert Einstein für mich und bestimmt auch für viele andere Wissenschaftler wahrscheinlich die derzeit erfolgreichste Physikdenkweise.

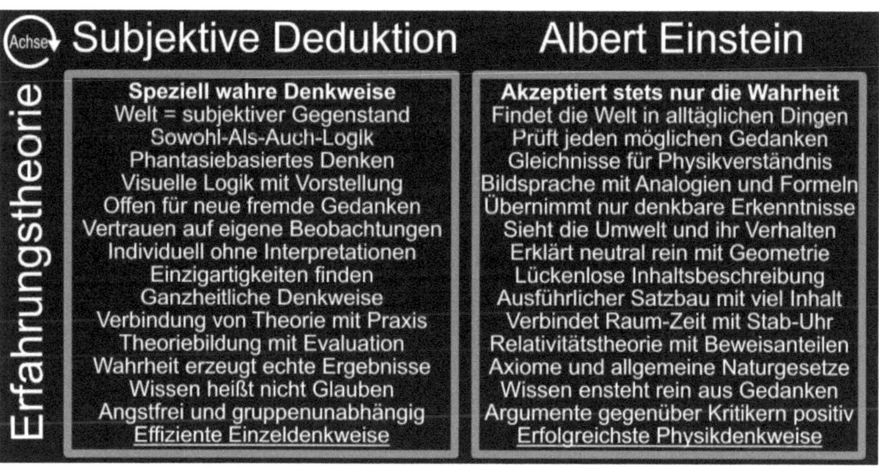

Abbildung 2. Die subjektive Deduktion von Albert Einstein ist also seine individuelle Denkweise gemäß der Erfahrungstheorie.

Kolek, Erik (2024). Über die physikalischen Grundlagen der interstellaren Raumfahrt. In: *Chroniken der Wirtschaftsinformatik-Physik (CWIP)*. Band 2, Auflagen-Nr. 1.0. ISBN: 9783758387944.

Mittlerweile habe ich schon viele Arbeiten von Stephen Hawking gelesen, insbesondere die Fachartikel über seine öffentlich sehr renommierte Schwarzkörpertemperatur von denkbaren Raum-Zeit-Singularitäten, ich bilde mich mit seinen Büchern in der Physik weiter, die ich deswegen auch verstanden haben müsste, das denke ich besonders im Falle seiner Dissertation. Das bedeutet für mich, Stephen Hawking könnte ebenfalls nur eine subjektive deduktive Denkweise benutzt haben beziehungsweise sollte dieser wissenschaftsphilosophisch gefolgt sein; zur Erinnerung es handelt sich nur um meine Erfahrung und mein Verständnis von Allem (Abbildung 3).

Mit einem zusammengesetzten Wort würde ich Stephen Hawking als einen brillanten Mathematikphysiker bezeichnen, denn er akzeptiert stets auch nur die Wahrheit und er ist ein Mensch der auch mal Fehler macht, wirklich, denn er hat Stellen in seiner Dissertation wieder rausgestrichen, habe ich gesehen. Ich habe versucht zu verstehen, warum, insgesamt würde ich sagen war er mit diesen Stellen nicht so zufrieden wie mit seinen anderen Stellen, die sowohl mathematisch als auch physikalisch für ihn einen Sinn ergaben, denn sobald also nur mathematisch oder kein physikalischer Gedankensinn für ihn zu erkennen war, strich er die betroffene Stelle in seinem Manuskript durch. Dies war also wahrscheinlich der Grund. Er findet also die Welt in der Mathematik und nutzt sein mathematisches Wissen für die Physik. Mir ist aufgefallen, dass ziemlich oft bei Stephen Hawking mathematische Integrationsverfahren zur Anwendung kommen, das sollte der Sowohl-Als-Auch-Logik gleichen, die also verschiedene physikalische Tatsachen miteinander verbinden müsste und daher eine mathematisch physikalische Evaluation zur jeweiligen Theorie darstellen sollte, das ist mir vor allem in seiner Dissertation bei seinen Metriken über das expandierende Universum aufgefallen, die lohnt es sich wirklich einmal anzuschauen. In seinen Büchern finde ich oft Humor versteckt zwischen den Zeilen, das reduziert die Komplexität für Lernende enorm, dagegen wirken seine Fachartikel äußerst stringent und daher als eine mathematische Folge seiner Physik richtig (wahr). Seine physikalischen Beschreibungen entsprechen vielmehr Gleichungen, er nutzt

Kolek, Erik (2024). Über die physikalischen Grundlagen der interstellaren Raumfahrt. In: *Chroniken der Wirtschaftsinformatik-Physik (CWIP)*. Band 2, Auflagen-Nr. 1.0. ISBN: 9783758387944.

also eher eine mathematikbasierte Sprache, denn auch in Formeln und Variablen können beschreibende physikalische Fakten stecken, wie den fast wie bei einem atmeten Lebewesen vorstellbaren Trend der Expansion unseres Universums, es wächst und dann schrumpft es wieder ein Stück und das immer im Wechsel, aber insgesamt wächst unser Universum nach der Metrik von Stephen Hawking.

Stephen Hawking teilt also mit Logik überprüftes Wissen und erklärt so das Verhalten unseres Universums, er rechnete somit vor einer Zitierung einer Referenz bestimmt immer nach, ob das jeweilige veröffentlichte Ergebnis auch stimmt bzw. wahr ist. Er erklärt logisch aber fast nur mit Mathematik in seinen Fachartikeln, hier geht es um Gleichungen, die sein Physikverständnis als seine Realität beinhalten; Stephen Hawkings Physikgedankenrealität unterscheidet sich beispielsweise mit der von Albert Einstein, damit sind nicht unterschiedliche Gedankenmeinungen einbezogen, sondern zwei verschiedene wissenschaftliche Gedankenstile, die aber beide der subjektiven Deduktion folgen. Es ist also eine mehr mathematisch physikalische also beweisführende Inhaltsbeschreibung für die Physik. Er nutzt kurze verknüpfte Sätze, weniger Nebensätze, dafür verbunden mit hoher Präzision in der Beschreibung, da finde ich kein Wort das nicht an seiner gewollten beziehungsweise gedachten Stelle steht.

Stephen Hawking verbindet die Raum-Zeit allgemein mit Objekten, das bedeutet das Universum sollte für ihn ein Ding, eine Art von Gegenstand darstellen, sogar die Zeit erscheint für ihn ein Ding zu sein, die gemäß allgemein bestehender Annahmen über das Licht und seiner Bewegungsgeschwindigkeit ausgehend von einem Punkt als Kegel beschrieben wird, er hat demnach ein anderes Zeitverständnis bzw. einen unterschiedlichen Gedanken hinsichtlich der Zeit als Albert Einstein, das sollte auffällig sein nicht nur für Physiker. Sein Verständnis von der Zeit erscheint mir deswegen nicht falsch zu sein, es schließt nur das physikalische Zeitverständnis von Albert Einstein mathematisch mit ein bzw. integriert es gemäß der Sowohl-Als-Auch-Logik. Dasselbe findet sich allgemein bei seiner Schwarzkörpertheorie, denn hier

Kolek, Erik (2024). Über die physikalischen Grundlagen der interstellaren Raumfahrt. In: *Chroniken der Wirtschaftsinformatik-Physik (CWIP)*. Band 2, Auflagen-Nr. 1.0. ISBN: 9783758387944.

spielt die (allgemeine) Relativitätstheorie von Albert Einstein wieder eine wichtige Rolle als ein Beweisanteil seiner Annahmen hinsichtlich der Eigenschaften eines Schwarzen Lochs (Raum-Zeit-Singularität) als ein denkbar vorhandenes Objekt in unserem Universum. Seine Wahrheit gleicht Ergebnissen wie Axiomen und allgemeinen Naturgesetzen, Wissen bei Stephen Hawking entsteht nur aus mathematisch wahren Ergebnissen. Sein Verständnis gegenüber Kritikern wirkt auf mich positiv, also sehr aufgeschlossen, aber auch hier finden bestimmt nach der von außen kommenden gedanklichen Kritikäußerung mathematische Kontrollverfahren Anwendung zur Überprüfung dieser Aussagen über seine Physik. Insgesamt sollte die subjektive Deduktion von Stephen Hawking die wohl öffentlich bekannteste, allgemein höchst akzeptierteste und sympathischste Physikdenkweise repräsentieren nicht nur nach meiner Meinung, sondern auch nach der Meinung vieler anderer Menschen (Wissenschaftler) auf der Erde aufgrund seiner Weltberühmtheit, welche auch Albert Einstein erfahren hat.

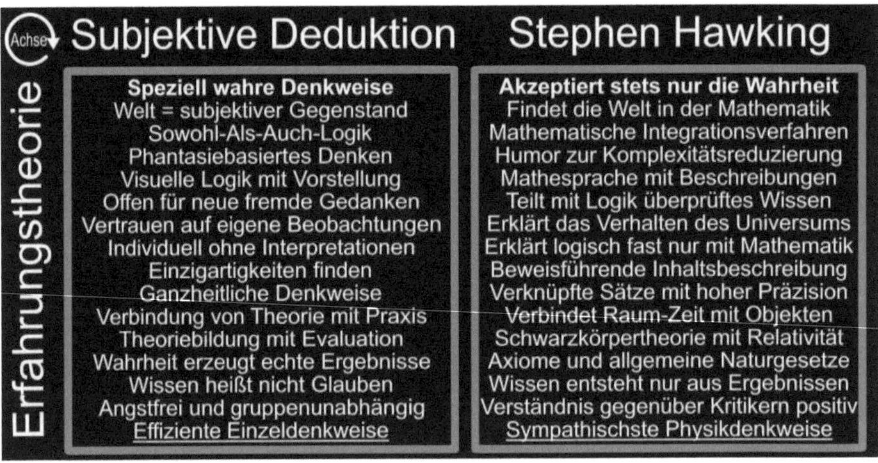

Abbildung 3. Die subjektive Deduktion von Stephen Hawking ist also seine individuelle Denkweise gemäß der Erfahrungstheorie.

Meine persönliche subjektive Deduktion habe ich an die von Albert Einstein und Stephen Hawking angepasst und versuche diese entsprechend einzuhalten. Die

Kolek, Erik (2024). Über die physikalischen Grundlagen der interstellaren Raumfahrt. In: *Chroniken der Wirtschaftsinformatik-Physik (CWIP)*. Band 2, Auflagen-Nr. 1.0. ISBN: 9783758387944.

erlernte in der Wissenschaft allgemein akzeptierte objektive Induktion habe ich vergessen bzw. gedanklich für mich gestrichen, weil sie das heutige Wissenschaftssystem für mich nicht denkbar aufgrund fehlender Objektivität erscheinen lässt, die ich nicht einmal an einem Kreis entdecken bzw. nachvollziehen konnte, denn in einem quasi-sphärischen Universum sollten auch kleinste Kreise wie Kugeln quasi-sphärisch gestaltet sein (Abbildung 4).

Genauso wie Albert Einstein und Stephen Hawking akzeptiere ich stets nur noch die Wahrheit. Ich finde die Welt so wie sie ist in meinen erdachten Modellen, das sind textuelle und mathematisch beschriebene Abbildungen von Gedanken, welche die wirtschaftsinformatik-physikalische Wirklichkeit möglichst gedanklich einfach verstehbar beschreiben sollen. Zum Beispiel frei fliegende Bezugskörper wie ein überlichtschnelles Raumschiff aufgrund einer Warpquantentechnologie. Ich nutze einen systematisierten Assimilationsablauf von Erkenntnissen (Wissen) und Technologien (Entwicklungen) nicht nur hinsichtlich der Wirtschaftsinformatik und Physik, um ausgehend von quantenastrophysikalisch weitergedachten Universalgrundlagen zu fortschrittlicheren Quantentechnologien sowie Variationsstufen davon Down-to-Earth, möglichst wie mit einer schrittweisen Bauanleitung für die Menschheit, leicht verständlich bzw. theoretisch gestaltbar zu denken, auch wirklich zu gelangen, indem ich immer an die Forschung und Praxis der Raum-Zeit-Körperbewegung (Raumfahrt) gleichzeitig denke.

Zur Unterstützung der Akzeptanz meiner supersymmetrischen, relativistischen Modellvisualisierungen (Gedankenabbildungen) nutze ich hedonistische Modellierungsansätze wie Spaß und Freude am Modell durch humoristische kurze lustige Anekdoten, Phantasien und Vorstellungen. Der Assimilationsablauf ausgehend von Physikgrundlagen bis hin zu Technologieentwicklungen ist durch einen individuellen Sammelalgorithmus kollektiver Gedanken vereinigend (zusammensetzend) gedanklich systematisiert und dadurch optimiert. Das bedeutet, ich organisiere solange passende Gedanken bis sich eine denkbare Erfahrung

Kolek, Erik (2024). Über die physikalischen Grundlagen der interstellaren Raumfahrt. In: *Chroniken der Wirtschaftsinformatik-Physik (CWIP)*. Band 2, Auflagen-Nr. 1.0. ISBN: 9783758387944.

umgesetzt als Wissen für Theorie und Praxis ergibt, die dann auch allgemein wahr erscheinen sollte. In meinen Beschreibungen und Erklärungen halte ich mich allgemein an meine multidimensionale Modellsprache, die sich gemäß ihrer Semantik und Syntax genauestens an den Inhalten der Modellrepräsentationen hält zur Vereinfachung des Verständnisses. Ich teile auch nur noch wie Albert Einstein und Stephen Hawking subjektiv abgeleitetes Wissen, das sollte als ein Postulat (Grundsatz) die Wahrheit allgemein deutlich hervorheben.

Mein Ziel ist es vor allem das mit der Natur koinzidente Verhalten von Bezugskörpern K innerhalb von Bezugssystemen K', K'' usw. anhand ihres Verhaltens in diesen Koordinatensystemen zu erklären. Vor diesem Hintergrund erkläre ich vor allem wie Albert Einstein geometrisch aber auch oft mathematisch wie Stephen Hawking, wenn dies denn notwendig erscheinen sollte; es sind bildliche, textuelle Modellbeschreibungen. Ich formuliere längere Inhaltssätze mit sehr viel Aussagen, Nebensätze und geschickte Zeichensetzung ermöglichen mir es Zusatzinformationen zur Wissensbildung bzw. Erfahrungsbildung zu integrieren.

Die Raum-Zeit gleicht in meinen Gedanken einem theoretisch möglichen Zusammenhang, Körper-Kausalität genannt, das bedeutet, damit sind alle Arten von Körpern einbezogen wie die der Geometrie nach krummlinigen ungleichmäßigen Quantenastrokörpern (Bezugskörper wie Teilchen und Planeten sind darunter zu verstehen) und ebenfalls eine Energiefeldverbindung zwischen allen Quantenastrokörpern innerhalb eines mit Koordinatensystemen unendlich kleinstdenkbaren zeiträumlichen Punkts im Universum erscheint subjektiv deduktiv denkbar zu sein über die (wahrscheinlich) elektrodynamische Quantengravitation als auch Schleifenquantengravitation, die ich an späterer Stelle vorerst in diesem Artikel nur textuell beschreiben möchte. Ich erforsche die physikalischen Grundlagen und technologischen Entwicklungen mithilfe einer Körperbewegungstheorie sowie einer damit verbundenen universellen Quantenrelativitätstheorie als ein Beweisanteil für Theorie und Praxis. Es entstehen so Axiome, allgemeine Naturgesetze und

Kolek, Erik (2024). Über die physikalischen Grundlagen der interstellaren Raumfahrt. In: *Chroniken der Wirtschaftsinformatik-Physik (CWIP)*. Band 2, Auflagen-Nr. 1.0. ISBN: 9783758387944.

Entwicklungen sowie vor allem modernste höchst innovative Quantenastrotechnologien für Bezugskörper und Bezugssysteme. Das Wissen entsteht bei mir allgemein durch die Übertragung in Modelle und deren Veranschaulichung als einzelne Gedanken. Ich bin offen gegenüber Kritikern und positiv eingestellt, das bedeutet, Informationen werden nach meiner subjektiven deduktiven gedanklichen Prüfung auf Falschheiten hin untersucht und falls vorliegend nur gedanklich gespeichert aber nicht kritisiert, und das muss ich auch so im Kopf realisieren, möchte ich denn in allen auch in den an die Wirtschaftsinformatik-Physik angrenzenden Fachgebieten nur die Wahrheit veröffentlichen. Weil meine Art zu denken der zwei wohl am besten allgemein mit der Wissenschaft koinzidenten, subjektiven deduktiven Denkweisen wie der von Albert Einstein und Stephen Hawking nahe kommen sollte bzw. allgemein darauf aufgebaut ist. Sollte es sich schlussfolgernd bei meiner subjektiven Deduktionsdenkweise um eine der derzeit fortschrittlichsten Universaldenkweisen handeln, die auch in allen heute bestehenden Fachgebieten der Wissenschaft, die zusammengefasst zu einer einzigen einheitlichen Theorie der Wissenschaft übereinstimmender subjektiv deduktiv gedacht erscheinen, also auf die nach Aristoteles bestehenden Teiltheorien der Wissenschaft von Bestandteilen jedoch am besten auf die Einheitstheorie der Wissenschaft von Allem gedanklich übertragbar also anwendbar erscheinen müsste.

Kolek, Erik (2024). Über die physikalischen Grundlagen der interstellaren Raumfahrt. In: *Chroniken der Wirtschaftsinformatik-Physik (CWIP)*. Band 2, Auflagen-Nr. 1.0. ISBN: 9783758387944.

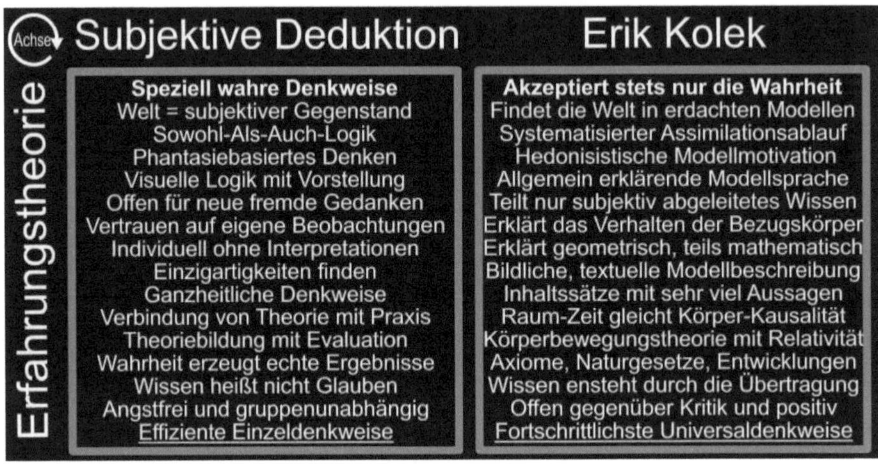

Abbildung 4. Die subjektive Deduktion von Erik Kolek ist also eine individuelle Denkweise gemäß der Erfahrungstheorie.

Allgemein entspricht die subjektive Deduktion einer ganz anderen Denkweise als die der nur angeblich objektiven Induktion, welche derzeit noch im Schwerpunkt innerhalb des heutigen Wissenschaftssystems gelebt wird und daher sollte auch Wissen viel langsamer aufgrund falscher Tatsachen erfahren werden. Das bedeutet, dass die wissenschaftlichen Fortschritte eigentlich viel schneller ablaufen müssten, sobald sich das gesamte Wissenschaftssystem nur noch mit der subjektiven Deduktion auseinander setzen würde (Abbildung 5). Leider existieren derzeit noch viele Barrieren an den Universitäten, Hochschulen, Fachjournalen und Fachkonferenzen, welche so eine modernere, vielversprechendere subjektive Denkweise einzuführen und zu festigen erschweren sollte. Die größte Barriere, sieht man von klassischen Wissenschaftshierarchien ab, sollte die Aufteilung der Fachgebiete der Wissenschaft nochmals in einzelne Unterfachgebiete sein, die wohl größte und nur höchst schwierig zu lösende Barriere darstellen. Im eigenen Interesse des gesamten Wissenschaftssystems sollte anfangs von Forschern diese subjektive Denkweise ausgetestet werden; ein Vorher-Nachher-Vergleich sollte eventuell noch bestehende Bedenken und Kritik mindestens so schnell wie das Licht auflösen können. Kein

Kolek, Erik (2024). Über die physikalischen Grundlagen der interstellaren Raumfahrt. In: *Chroniken der Wirtschaftsinformatik-Physik (CWIP)*. Band 2, Auflagen-Nr. 1.0. ISBN: 9783758387944.

Forscher sollte dann nochmals zu der klassischen objektiven Induktion wechseln wollen, sobald die Effizienzvorteile in den eigenen Gedanken bewusst geworden sind. Es handelt sich um eine persönliche Umgewöhnungsphase von der einen zur anderen Denkweise und es ist etwas Ausdauer und Geduld mitzubringen, da es sich hierbei um einen lohnenden Lernprozess handelt; teilweise wird allgemein in alte Denkgewohnheiten zurückgekehrt, darauf ist jedoch unbedingt zu achten, denn das muss gedanklich verhindert werden. Dieser lohnenswerte Lernprozess hat auch nichts mit hoher menschlicher Intelligenz zu tun, es sollte sich bei der subjektiven Denkweise wirklich einfach nur um eine andere mehr der Phantasie angeglichene Denkweise mit größtmöglichem Leistungspotenzial handeln, welche durch Phantasiegedanken automatisch leichter für die meisten Menschen anwendbar sind, ohne dass hierfür eine allgemeine Genialität oder ein spezielles Talent benötigt werden sollte. Trotzdem könnte es gedanklich vorstellbar sein, dass es wirklich zu erfahrende menschliche Intelligenzunterschiede geben könnte, aber diese sollten nur innerhalb der jeweiligen Denkweisen und nicht allgemein im Vergleich zwischen mit ihrem Gehirn denkenden Menschen bestehen. Es könnte also so etwas wie eine neurologische Unterscheidung in ein Kurzzeitgedächtnis bzw. Langzeitgedächtnis hinsichtlich des unendlichen Gehirnleistungspotenzials wirklich unnötig erscheinen. Nicht nur Forschende sollten die subjektive Deduktion einmal ausprobieren, sondern daher auch alle anderen Menschen, denn nur so könnte sicher gelernt werden, auch unabhängig von meiner hier beschriebenen Erfahrungstheorie, dass keine objektive Induktion existieren sollte.

Letztendlich nutze ich heute die subjektive Deduktion in der theoretischen Wirtschaftsinformatik-Physik, um jeweils individuelle Erkenntnisse hieraus gedanklich konstruierend zu gewinnen, die ich für die Beantwortung von Fragen über die erfahrbare Welt nutze; es handelt sich bei der Wirtschaftsinformatik-Physik um eine kleine vereinheitlichte Wissenschaft von Allem (Science of Everything) mit dem Ziel auf physikalischen Grundlagen basierende Entwicklungen von Quantentechnologien voranzubringen, wie Raumschiffe, deren Bauteile und die dafür

Kolek, Erik (2024). Über die physikalischen Grundlagen der interstellaren Raumfahrt. In: *Chroniken der Wirtschaftsinformatik-Physik (CWIP)*. Band 2, Auflagen-Nr. 1.0. ISBN: 9783758387944.

notwendige Peripherie (Abbildung 5). Die Fachgebiete dieser Wissenschaft von Allem (Science of Everything) sollten auswechselbar sein, denn umso mehr Fachgebiete gleichzeitig genutzt werden, umso besser sollte die Wahrheit über die erfahrbare Welt gestaltet sein am Ende der quantenuniversalphysikalischen Grundlagenentwicklungen. In einer beliebig auswählbaren Anzahl wären anstatt der statischen Dreiecke auch drehbare vierseitige Pyramiden denkbar für eine große einheitliche Wissenschaft von Allem gemäß der Frage der Forscher, die beantwortet werden würde durch die von ihnen nach Bedarf nutzbare gedankliche gegensätzliche Pyramidenrotation, zum Beispiel in der oberen Pyramide könnten die beliebig austauschbaren Fachgebiete angegeben sein wie Wirtschaftsinformatik, Quantenwirtschaftsinformatik, Quantenfeldwirtschaftsinformatik und Relativitätswirtschaftsinformatik und die untere Pyramide könnte beschriftet sein mit Physik, Quantenphysik, Quantenfeldphysik und Relativitätsphysik. Es könnte also als ein Beispiel die Quantenphysik der Wirtschaftsinformatik in dieser Wissenschaftstheorie von Allem visuell gegenüberstehen; es ist eine beliebige Anzahl an Dreiecken oder drehbaren Pyramiden jeweils mit unterschiedlichen Fachgebieten auswählbar und mit dem Forschungsgegenstand gedanklich zu verbinden, in der Abbildung 5 ist dies die erfahrbare Welt auf die zwei Dreiecke zeigen.

Wer diese Wissenschaft von Allem (Science of Everything) versteht, sollte jetzt beispielsweise auch in der Lage sein, wie ich fortschrittliche wissenschaftliche (physikalische) Theorien sowie einen Down-to-Earth-Warpantrieb oder eine sonstige Quantentechnologie zu entwickeln. Letztendlich könnte die subjektive Deduktion also dazu führen, dass Menschen ihr gesamtes Gehirnleistungspotenzial möglicherweise bis zur Unendlichkeit ausnutzen könnten, also nicht mehr wie vorher nur Erfahrungen von anderen Menschen in gedanklichen Sätzen (auch in Form von Texten und Bildern), also die Gedanken anderer Menschen, gruppenzwanghaft versuchen zu interpretieren, die mögliche Klarheit ihres Geists nur dadurch erfahren könnten, wenn sie diese Fata Morgana erzeugende Interpretationen von Gedanken gezielt einstellen beziehungsweise durch ein angepasstes Verhalten abgewöhnen würden, um sich

Kolek, Erik (2024). Über die physikalischen Grundlagen der interstellaren Raumfahrt. In: *Chroniken der Wirtschaftsinformatik-Physik (CWIP)*. Band 2, Auflagen-Nr. 1.0. ISBN: 9783758387944.

selbst geschaffenen Illusionen mit einem sehr hohen Falschheitsanteil anstatt Wahrheitsanteil gedanklich bewusst zu werden, und daher auch aus ihren ständig deswegen möglicherweise existierenden Tagträumen aufwachen könnten, denn interpretieren könnte gleichzusetzen sein mit träumen. Denn ein so wahrscheinlich aufgrund des menschlichen Gehirns vielleicht existierendes Tagträumen könnte wirklich die Begründung dafür sein, dass heute noch nicht alle Menschen die Arbeiten von Albert Einstein, die bereits älter sind als 100 Jahre, unabhängig von deren Intelligenz vollumfänglich verstehen konnten, weil diese Arbeiten keinerlei Interpretation von Gedanken zulassen könnten, sondern rein mit einem logischen, geometrischen und nicht unbedingt notwendigerweise mathematischen Verständnis gedanklich zu erfassen sein müssten; es sollte tatsächlich ausreichen wenn man sich einen Kreis bildlich vorstellen kann, denn dadurch sollte ein Verständnis von der wahren, also erfahrbaren Welt wie Albert Einstein diese physikalische Vorstellung mit uns geteilt hat (und auch Stephen Hawking) rein individuell vielleicht mit Erklärungsbedarf, jedoch ohne Diskussionsbedarf und daher auch nicht gruppenabhängig, aufgebaut werden können.

Abschließend möchte ich noch eine von mir als *Einstein-Newton-Übung* bezeichnete und als eine rein gedanklich (theoretisch) einzuübende Lösungsmöglichkeit hinsichtlich eines n-Körperproblems erklären, damit diese die subjektive Deduktionsdenkweise leichter durch regelmäßiges Modelltraining erlernen können. Als Trainingsmodelle sind alle phantastischen Modellvorstellungen erdenklich, welche die Leserinnen und Leser für sich persönlich entdecken könnten, sobald sie die subjektive Deduktion gedanklich wie ein Modellspiel verstehen und dessen Regeln anpassen möchten. Die Leserinnen und Leser sollen sich jetzt folgende Aussagen bildlich vorstellen; ansonsten entsteht kein übereinstimmendes Verständnis bzw. kein neuer Gedanke, also leider nur wieder eine falsche Interpretation (Illusion): Wir stellen uns eine gleichförmige gerade Linie vor, auf dieser Gerade platzieren wir gedanklich neun Kreise in ungefähr gleichen aber trotzdem unterschiedlichen Abständen, diese Kreise können wir uns auch als unterschiedlich ausgemalte

Kolek, Erik (2024). Über die physikalischen Grundlagen der interstellaren Raumfahrt. In: *Chroniken der Wirtschaftsinformatik-Physik (CWIP)*. Band 2, Auflagen-Nr. 1.0. ISBN: 9783758387944.

Punktereignisse vorstellen. Wir denken uns bitte jetzt vor dem inneren Auge visuell jeden Kreispunkt unterschiedlich groß vor. Der Kreis ganz links auf der Gerade ist am größten, dann kommt ein viel kleinerer Kreis, ein etwas größerer Kreis, ein noch etwas größerer Kreis, dann wieder ein kleinerer Kreis, dann folgt der zweitgrößte Kreis auf unserer Linie, darauf folgt ein etwas kleinerer Kreis, dann ein Kreis der etwas mehr als die Hälfte kleiner ist, dann nochmal ein zwar kleinerer aber vergleichbarer Kreis am Ende der Linie. Jetzt haben wir alle notwendigen Kreispunkte gedanklich erfasst und denken uns die Linie wieder weg, so dass nur noch die Kreispunkte bestehen bleiben. Nun können wir uns vorstellen, dass der größte Kreispunkt fest steht und sich nur anscheinend nicht bewegt, alle anderen Punktvorstellungen können wir nun links herum um diesen einen Kreis rein gedanklich drehen (rotieren) lassen. Am Bewegungsstartpunkt aller acht Geometriekörper werden wir gedanklich feststellen, dass, wenn alle acht Kreispunkte eine gleichförmige Geschwindigkeits-beschleunigung erfahren, diese zwar gleichzeitig ihre Bewegung jeweils auf einer fast kreisförmigen geschlossenen gebogenen Linie beginnen werden, jedoch nach und nach aufgrund der unterschiedlichen Entfernungen zum größten Kreispunkt ihre gemeinsame Linienposition verlassen müssen; in ganz seltenen physikalischen Fällen sollten diese sich aber kurzzeitig wieder wie auf einer Linie zueinander positioniert verhalten. Wir denken uns jetzt alle neun Kreise ungleichmäßig gestaltet vor, es sind jetzt elliptisch gezeichnete Kreise und als nächsten Gedankenschritt verlassen wir diese zweidimensionale Modellgedankenphantasie. Wir stellen uns daher der Geometrie nach ein dreidimensionales Weltbild vor; es sind nun fast eierförmige Kugeln (quasi Ellipsoiden), wobei alle sonstigen vorherigen Gedankenmodell-phantasien erhalten bleiben. Zur gedanklichen Modellvereinfachung haben wir jetzt bestimmte Dinge wie Ringe und noch kleinere Körperkugelellipsen in unserem phantasierten Weltbild weggelassen; alle Arten von Detailgedanken können sich die Leserinnen und Leser nun selbstständig hinzu denken oder auch subjektiv wieder wegdenken. Ein regelmäßiges wiederholtes Denken dieser Gedankenphantasieübung sollte die subjektive deduktive Denkweise gezielt fördern im Sinne des Erlernens also

Kolek, Erik (2024). Über die physikalischen Grundlagen der interstellaren Raumfahrt. In: *Chroniken der Wirtschaftsinformatik-Physik (CWIP)*. Band 2, Auflagen-Nr. 1.0. ISBN: 9783758387944.

der Erfahrung gemäß der meiner Meinung nach unbegrenzt physikalisch vorhandenen menschlichen Intelligenz; ich bedanke mich für die Aufmerksamkeit und wünsche allen Leserinnen und Lesern viel Modellspaß mit dieser von mir hinsichtlich eines n-Körperproblems in der Quantenastrophysik (Universalphysik) subjektiv (phantasiert) abgeleiteten *Einstein-Newton-Übung*, die sich auch hervorragend für das Aufwärmen unseres Gehirns vor zu erbringenden Gedankenleistungen eignen müsste.

Abbildung 5. Die subjektive Deduktion von Erik Kolek ist also seine individuelle Denkweise gemäß der Erfahrungstheorie und gleicht als eine Folge der Science of Everything.

Referenzen

In diesem Forschungsartikel wurden keine Referenzen zitiert, da es sich bei allen Aussagen um meine persönliche Erfahrung (Erinnerung) handelt, die ich gesammelt habe und als eine umfängliche Erfahrungstheorie inhaltlich beschreibe.

Kolek, Erik (2024). Über die physikalischen Grundlagen der interstellaren Raumfahrt. In: *Chroniken der Wirtschaftsinformatik-Physik (CWIP)*. Band 2, Auflagen-Nr. 1.0. ISBN: 9783758387944.

Inhaltsübersicht

In diesem Forschungsartikel wird eine Erfahrungstheorie entwickelt. Es wurden verschiedene Denkweisen aus der Physik eingeführt. Diese sollen den Inhalt der traditionellen Wissenschaft erneuern. Ziel ist es immer, die Wahrheit zu finden. Wenn diese gefunden ist, müssen entsprechende Beschreibungen individuell erarbeitet werden.

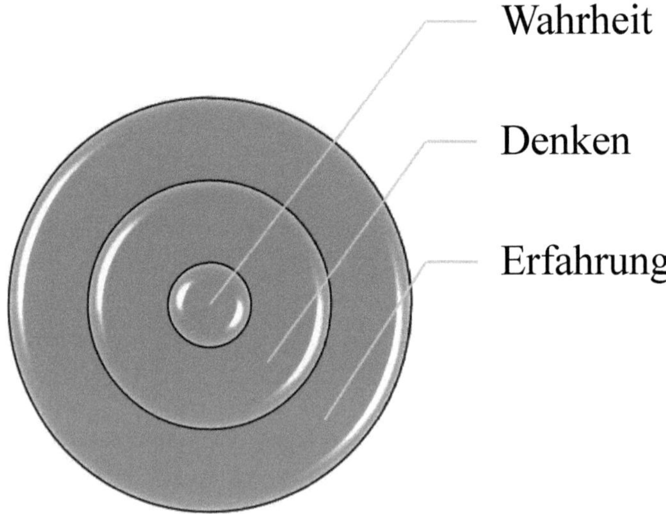

Abbildung 6. Inhaltsübersicht durch die Bedeutung der Erfahrungstheorie dargestellt.

Kolek, Erik (2024). Über die physikalischen Grundlagen der interstellaren Raumfahrt. In: *Chroniken der Wirtschaftsinformatik-Physik (CWIP)*. Band 2, Auflagen-Nr. 1.0. ISBN: 9783758387944.

Zweiter Abschnitt: Über die Grundlagen der erweiterten speziellen Relativitätstheorie und der anti-allgemeinen Relativitätstheorie

Wissenschaftliche Zitierung:

Kolek, Erik (2024). Hängt die Trägheit eines sehr kleinen Körpers von seinem Energiegehalt ab?. In: *Über die physikalischen Grundlagen der interstellaren Raumfahrt*. Chroniken der Wirtschaftsinformatik-Physik (CWIP). Band 2, Auflagen-Nr. 1.0.

Erik Kolek (2024)

Hängt die Trägheit eines sehr kleinen Körpers von seinem Energiegehalt ab?

Zusammenfassung

Motiviert durch die spezielle und allgemeine Relativitätstheorie von Albert Einstein wird in diesem Forschungsartikel von Erik Kolek eine Verbindung zwischen Astrophysik und Quantenphysik angenommen, die als Konsequenz zur Quantentheorie der Gravitation führt. Diese völlig neue Gravitationstheorie sollte auf sehr große Körper, aber auch auf sehr kleine Körper anwendbar sein, da deren Energiegehalt einen Einfluss auf die Trägheit solcher Körper haben müsste, zum Beispiel auf Schwarze Löcher und Sterne sowie auf Teilchen und Photonen. Hier wird auch zwischen Helligkeit und Dunkelheit von Teilchen und Photonen unterschieden. Eine solche Unterscheidung ist notwendig, um eine modellbasierte Darstellung eines supersymmetrischen, relativistischen Universums zu entwerfen, wie es in der Astrophysik und Quantenphysik wahrscheinlich existiert. Diese Modellvisualisierung basiert auf einem entwickelten supersymmetrischen, relativistischen Modellierungs- und Visualisierungsansatz. Dieser Ansatz wurde von einem Experten entwickelt, der über Forschungserfahrung im Bereich der Wirtschaftsinformatik verfügt, daher ist dieser Forscher frei von Vorurteilen und absolut neutral gegenüber gewonnenen

Kolek, Erik (2024). Über die physikalischen Grundlagen der interstellaren Raumfahrt. In: *Chroniken der Wirtschaftsinformatik-Physik (CWIP)*. Band 2, Auflagen-Nr. 1.0. ISBN: 9783758387944.

Informationen und Erkenntnissen hinsichtlich der theoretischen Physik. Mit dieser Methode ist es allgemein möglich über das Standardmodell der Physik hinaus zu forschen. Mit der Theorieentwicklung werden folgende Hauptergebnisse erreicht: Eine thermodynamisch begründete Weiterentwicklung der Newtonschen Gravitationstheorie, die Entdeckung zweier allgemeiner Naturgesetze, die als Quantengravitationsgesetze I und II bezeichnet sind, sowie als eine weitere Konsequenz aus beiden Gesetzen die Erklärung der Gravitation im Quantenmateriespektrum. Schließlich wird erörtert warum die spezielle und allgemeine Relativitätstheorie von Albert Einstein nicht beschränkt ist auf die Lichtgeschwindigkeit c, denn das ist dadurch physikalisch begründet, da diese auch zur Erklärung der Lichtwärme Tc geeignet ist, also als eine weitere Folge eine fortgeschrittene molekular-kinetische Theorie der Lichtwärme darstellt. Diese vervollständigte Lichtwärmetheorie gleicht demnach einer völlig neuen Thermodynamik der Physik.

Hängt die Trägheit eines sehr kleinen Körpers von seinem Energiegehalt ab?

Die von Albert Einstein (1905) in der Zeitschrift Annalen der Physik mitgeteilten Ergebnisse einer Strahlungsuntersuchung führten zu einer sehr motivierenden Annahme bezüglich der (speziellen und allgemeinen) Relativitätstheorie (Einstein, 1905; 1916), die nun hergeleitet werden soll (Abbildung 1). Dieser abgeschlossene Forschungsartikel bezieht sich auf Originalarbeiten von Albert Einstein und Stephen William Hawking. Nach dem Wissen des Autors, der über Forschungserfahrung im Bereich der Wirtschaftsinformatik verfügt, stellen diese Arbeiten die einzige fundamentale physikalische Funktionsweise für diese neue Relativitätstheorie bezüglich der Quantengravitation dar.

Nach Einstein (1905, S. 174): „Die Masse eines Körpers ist ein Maß für seinen Energiegehalt, ändert sich die Energie um L, so ändert sich die Masse im gleichen Sinne [...]".

Kolek, Erik (2024). Über die physikalischen Grundlagen der interstellaren Raumfahrt. In: *Chroniken der Wirtschaftsinformatik-Physik (CWIP)*. Band 2, Auflagen-Nr. 1.0. ISBN: 9783758387944.

Wenn also ein sehr großer Körper, wie ein Stern, die Energie L in Form von Masse und Strahlung freisetzt, nimmt seine Masse um L/V^2 ab und die Masse der Photonen (Lichtwärme) wird um $v^2/2$ beschleunigt. Die kinetische Energie eines Sterns wird also durch die Gleichung (1) angegeben, wobei V die Geschwindigkeit des Lichts in Form von Photonen und v die Geschwindigkeit der Masse in Form von Quantenmaterie bedeutet. Daher ist es nachvollziehbar, dass sich die kinetische Energie K_0 in Bezug auf das System (x', y', z', t') von der kinetischen Energie K_1 in Bezug auf ein anderes System (x, y, z, t) unterscheidet. Diese Differenz der Form $K_0 - K_1$ aus der Gleichung (1) hat eine leicht verständliche physikalische mehrdimensionale Logik. K_0 und K_1 stellen die kinetischen Energiewerte eines identischen Körpers, hier eines Sterns, dar, sind aber auf zwei in relativer Bewegung existierende Koordinatensysteme bezogen. Ein sehr großer Körper ist also in einem der Systeme (System (x', y', z', t')) nicht in Bewegung und ein anderer sehr großer Körper ist in relativer Bewegung zu diesem System (System (x, y, z, t)).

(1) $K_0 - K_1 = (+L/V^2 \times v^2/2)$

Aus Sicht eines Beobachters trifft die Masse der Photonen (Lichtwärme) von der Erde aus gesehen, wie in der ebenfalls von Albert Einstein (1916) veröffentlichten allgemeinen Relativitätstheorie, ebenfalls mit der Geschwindigkeit $v^2/2$ auf. Zur Beschreibung der Gravitation wird die in der Physik hoch anerkannte Formel von Isaac Newton (1687) angewandt und aufgrund einer verbesserten Lichtwärmetheorie um die Temperatur T erweitert, weil sie wegen des Äquivalenzprinzips ein Teil der Masse M (2) ist (Einstein, 1905; 1916), und wegen der beiden Massen der Photonen (Lichtwärme) und des Planeten, und wegen des Abstandes r zwischen diesen beiden. Außerdem habe ich in Newtons Gravitationstheorie (1687) die Relativgeschwindigkeit $V_{Rel} = V_0 - V_1$ hinzugefügt. Daher beeinflusst die positive kinetische Energie eines Sterns die Gravitation eines sehr großen Körpers wie eines Planeten und auch eines sehr kleinen Körpers wie eines Photons beim Auftreffen auf

Kolek, Erik (2024). Über die physikalischen Grundlagen der interstellaren Raumfahrt. In: *Chroniken der Wirtschaftsinformatik-Physik (CWIP)*. Band 2, Auflagen-Nr. 1.0. ISBN: 9783758387944.

den Boden. Diese erste physikalische Tatsache wird durch die Gleichung (3) angegeben.

(2) Kraft F Newtons Gravitationstheorie verbessert mit Temperatur $= G \times [(T_1 M_1 T_2 M_2) / (r V_{Rel})^2]$

(3) F Quantengravitationsgesetz I = F Gravitation $\times$ Energie L des emittierenden Körpers $= G \times [(T_1 M_1 T_2 M_2) / (r V_{Rel})^2] \times (+L/V^2 \times v^2/2)$

Nach dem ersten Gesetz der Quantengravitation (3) emittiert ein Stern Masse und Strahlung in Form von Lichtwärme (Photonen), die auf Planeten trifft, hier auf die Erde, was die Gravitation auf diesen Planeten beeinflussen und erhöhen müsste. Mit anderen Worten: Die Planeten werden durch die Lichtwärme der Sterne in die Raumzeit gedrückt. Das liegt an ihrer eigenen Schwerkraft aufgrund ihrer eigenen Masse und der zusätzlichen Masse der Photonen beim Auftreffen auf den Boden der Planeten.

Um die Kraft der Quantengravitation zu definieren (Abbildung 1), hier dargestellt als zwei Gesetze der Quantengravitation (3) und (5), muss ich zuerst die negative Kraft oder Form der Energie L des Sterns definieren, der nun ein Schwarzes Loch wird. Das liegt daran, dass eine neue Gravitationstheorie sowohl für Sterne als auch für Schwarze Löcher und am besten für sehr kleine Körper funktionieren sollte.

Wenn also ein Schwarzes Loch die Energie L in Form von Masse und Strahlung absorbiert, nimmt seine Masse um L/V^2 zu und die Lichtwärme (Masse der Photonen) wird ebenfalls um $v^2/2$ beschleunigt. Die negative kinetische Energie eines Schwarzen Lochs wird also durch die Gleichung (4) angegeben, wobei wiederum V die Geschwindigkeit der Lichtwärme in Form von Photonen und v die Geschwindigkeit der Masse in Form von Quantenmaterie bedeutet. Damit ist wiederum nachvollziehbar, dass sich die kinetische Energie K_0 in Bezug auf das System (x', y', z', t') von der kinetischen Energie K_1 in Bezug auf ein anderes System (x, y, z, t) unterscheidet. Diese Differenz der Form $K_0 + K_1$ aus der Gleichung (4) hat eine leicht

Kolek, Erik (2024). Über die physikalischen Grundlagen der interstellaren Raumfahrt. In: *Chroniken der Wirtschaftsinformatik-Physik (CWIP)*. Band 2, Auflagen-Nr. 1.0. ISBN: 9783758387944.

verständliche physikalische mehrdimensionale Logik. K_0 und K_1 stellen die kinetischen Energiewerte eines identischen Körpers, hier eines Schwarzen Lochs, dar, beziehen sich aber auf zwei in relativer Bewegung existierende Koordinatensysteme. Ein sehr großer Körper ist also in einem der Systeme (System (x', y', z', t')) nicht in Bewegung und ein anderer sehr großer Körper ist in relativer Bewegung zu diesem System (System (x, y, z, t)).

(4) $K_0 + K_1 = (-L/V^2 \times v^2/2)$

Wiederum von der Erde aus gesehen, von einem Beobachter, wie in der allgemeinen Relativitätstheorie, die ebenfalls von Albert Einstein (1916) veröffentlicht wurde, trifft die Lichtwärme (Masse der Photonen) mit der Geschwindigkeit $v^2/2$ auf den Ereignishorizont. Daher beeinflusst die negative kinetische Energie eines Schwarzen Lochs die Gravitation eines sehr großen Körpers wie eines Planeten und auch eines sehr kleinen Körpers wie eines Photons beim Auftreffen auf den Ereignishorizont. Diese zweite physikalische Tatsache wird durch die Gleichung (5) angegeben.

(5) F Quantengravitationsgesetz II = F Gravitation $\times$ Energie L des absorbierenden Körpers = $G \times [(T_1 M_1 T_2 M_2) / (r V_{Rel})^2] \times (-L/V^2 \times v^2/2)$

Nach dem zweiten Gesetz der Quantengravitation (5) absorbieren Schwarze Löcher Masse und Strahlung in Form von Lichtwärme (Photonen), die auf Ereignishorizonte treffen, hier wird die Erde nicht von Lichtwärme getroffen, was die Gravitation auf diesen Planeten beeinflussen und verringern sollte. Mit anderen Worten: Die Planeten werden von den Lichtwärme absorbierenden Schwarzen Löchern aus der Raum-Zeit herausgezogen. Das liegt an ihrer eigenen Schwerkraft aufgrund ihrer eigenen Masse und der fehlenden Masse der Photonen beim Auftreffen auf die Ereignishorizonte der Schwarzen Löcher und nicht mehr an den Planeten. Wenn also ein Schwarzes Loch tagsüber in der Nähe eines Planeten wie der Erde ankommt, müsste es dunkel werden.

Die beiden Gesetze der Quantengravitation (3) und (5) werden supersymmetrisch, relativistisch modelliert und visualisiert, um einen Überblick zu geben und ihre

Kolek, Erik (2024). Über die physikalischen Grundlagen der interstellaren Raumfahrt. In: *Chroniken der Wirtschaftsinformatik-Physik (CWIP)*. Band 2, Auflagen-Nr. 1.0. ISBN: 9783758387944.

Bedeutung für Astrophysik und Quantenphysik zu demonstrieren. Diese modellbasierte Darstellung enthält alle zuvor erläuterten physikalischen Fakten. Diese Modellvisualisierung stellt einen nicht flachen (!), mehrdimensionalen Bereich unseres expandierenden Universums dar. Sie soll die Gesetze der Quantengravitation (3) und (5) ohne tiefe mathematische Kenntnisse leicht verständlich machen. Beide Quantengravitationsgesetze können in der Astrophysik und Quantenphysik angewendet werden, da sie sich sowohl auf die Masse und Strahlung von Sternen oder Schwarzen Löchern in Wechselwirkung mit Planeten als auch auf die von hellen oder dunklen Materieteilchen in Wechselwirkung mit hellen oder dunklen Photonen beziehen. Dunkle Materieteilchen können aufgrund des Quantengravitationsgesetzes I (3) nicht von Photonen getroffen werden. Folglich können Photonen nicht von dunklen Teilchen getroffen werden und somit ist das Quantenspektrum aufgrund des Quantengravitationsgesetzes II (5) dunkel. Es scheint also in der Quantenphysik eine identische physikalische mehrdimensionale Logik zu gelten wie in der Astrophysik.

Möglicherweise ist es denkbar, diese Quantengravitationstheorie mit sehr kleinen Körpern zu testen, deren Energiegehalt in hohem Maße einstellbar ist (zum Beispiel Teilchen und Photonen). Diese Quantengravitationstheorie sollte noch einen Engpass haben – die herstellbare Energiemenge, aber in Anlehnung an Einstein (1905, S. 174): „Die Masse" und Temperatur „eines" sehr großen und sehr kleinen „Körpers" sind Maße „seines Energiegehaltes, ändert sich die Energie um L, so ändert sich die Masse" und Temperatur „im gleichen Sinne [...]". So erhalte ich in Anlehnung an Einstein (1905) eine verbesserte Formulierung für die Energie L, geschrieben als die Gleichung $E = TMv^2$ anstatt nur die bekannte Gleichung $E = mc^2$ aufzuschreiben. Formuliert für mehrere bewegte Massen M ergibt sich daraus folgend das Gleichungssystem $E = \sum(TMv^2)$.

Da diese Energieformel das Äquivalenzprinzip von Albert Einstein (1905, 1916) beinhaltet, sollte folgende wichtige Modellannahme gelten: Es ist gemäß der erweiterten speziellen Relativitätstheorie immer vorstellbar, dass allgemein aus jedem

Kolek, Erik (2024). Über die physikalischen Grundlagen der interstellaren Raumfahrt. In: *Chroniken der Wirtschaftsinformatik-Physik (CWIP)*. Band 2, Auflagen-Nr. 1.0. ISBN: 9783758387944.

Stern ein Schwarzes Loch entstehen könnte, und da die Quantentheorie der Gravitation diese Entstehungsmöglichkeit als eine Folge dieser Relativitätstheorie ebenfalls beinhaltet und sogar eine Modellannahme hinter dem Standardmodell der Physik darstellt. Diese Sternfarbenverschiebung könnte insbesondere deshalb der Fall sein, weil ein heller Stern, sobald er einmal gezündet hat, unabhängig von seiner Größe bei dessen Zündung, einem dunklen Stern gleichkommen könnte, sobald seine Energie aufgebraucht ist. Also könnte auch jedes Schwarze Loch in Wirklichkeit ein schwerer gewordener dunkler Stern sein, dessen emittierte und absorbierte Strahlung nach der Farbverschiebung vermehrt in Form von Wärme anstatt Licht erfolgen könnte. Die vermehrte Wärmestrahlung eines immer dunkler werdenden (sehr großen) Körpers würde zwar eine deutliche Gravitationserhöhung bedeuten aber keine Gravitationsmaximierung erfordern, das einem auf das Lichtspektrum bezogenen Sternenlebenszyklus gleichkommen könnte und mit genügend absorbierter Materie und Reibung aufgrund von Wärme wirklich zur Wiederentflammung dunkler Sterne führen könnte. In dieser supersymmetrischen, relativistischen Modellannahme würde ein dunkler Stern wieder zu einem hellen Stern kollabieren, dabei könnte aufgrund der schnell sinkenden Gravitation schwere Materie wie Eisen in der Raum-Zeit kondensieren, woraus wiederum neue Planeten entstehen könnten. Ein heller Stern muss demnach nicht immer gravitationsbedingt zu einem Schwarzen Loch zusammenfallen, denn ein heller Stern könnte genauso gut gravitationsbedingt zu einem Schwarzen Loch anwachsen, um anschließend wieder zu einem Weißen Loch zusammenzufallen. Sollten also tatsächlich helle Sterne zu dunklen Sternen in der Raum-Zeit kontinuierlich anwachsen und schrittweise ihre Strahlung in den infraroten Lichtbereich verlagern können, dann könnten auch alle Klassen von Sternfarben denkbar sein, und das aufgrund der Zeitverschiebung der Sternfarben im Raum beginnend bei violett bis grün und blau hin zu gelb zu orange und rot und schließlich schwarz sowie entsprechend der Zeit von jung bis alt.

Wenn diese Quantengravitationstheorie mit den physikalischen Tatsachen übereinstimmt, dann übertragen Masse und Strahlung Trägheit zwischen

Kolek, Erik (2024). Über die physikalischen Grundlagen der interstellaren Raumfahrt. In: *Chroniken der Wirtschaftsinformatik-Physik (CWIP)*. Band 2, Auflagen-Nr. 1.0. ISBN: 9783758387944.

emittierenden und absorbierenden sehr großen Körpern in der Astrophysik sowie sehr kleinen Körpern in der Quantenphysik.

Als ein kurzer Ausblick für die erweiterte spezielle Relativitätstheorie nach der Erfahrungstheorie könnte beispielsweise die allgemeine Annahme einer kontinuierlich anwachsenden Temperaturmasse von Atomen ($T_{max}\mu_i$) zu einer fortschrittlicheren Anordnung der Elemente führen gemäß einem Sternenlebenszyklus von der Entstehung eines lichthellen Sterns bis zu seinem warmstrahlenden, wahrscheinlich auch radioaktivstrahlenden dunklen Endzustand (Abbildung 2). Dieser Sternenlebenszyklus könnte übereinstimmend mit der Theorie einer kontinuierlich anwachsenden Quantengravitation sein und somit eine (neue) Quantenchemie repräsentieren, falls die physikalischen Messergebnisse in den Experimenten zur Bestimmung der Atommassen und der maximalen Temperaturen der verschiedenen Elemente wirklich exakt mit dem (neuen) an die Ökonomie angelehnten, maximierenden Energieerhaltungssatz ($E_{max} = T_{max}M_i$) übereinstimmen sollten (Abbildung 2).

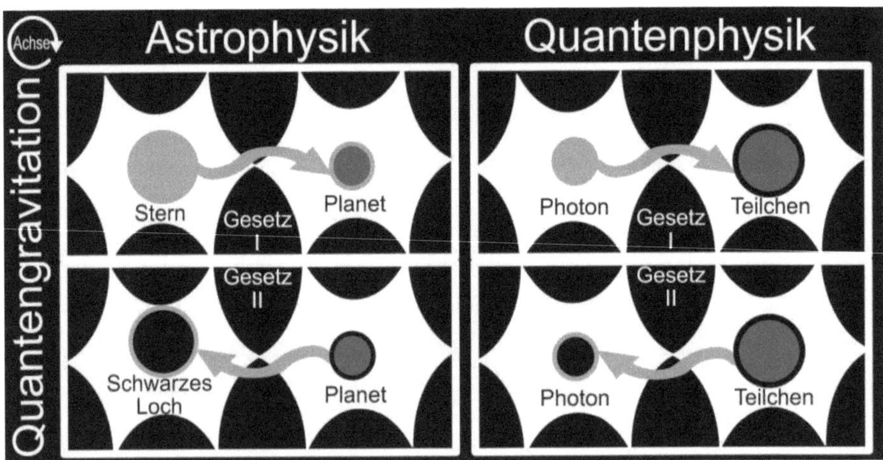

Abbildung 1. Übersicht über die beiden in der Astrophysik und Quantenphysik gültigen Gesetze der Quantengravitation.

Kolek, Erik (2024). Über die physikalischen Grundlagen der interstellaren Raumfahrt. In: *Chroniken der Wirtschaftsinformatik-Physik (CWIP)*. Band 2, Auflagen-Nr. 1.0. ISBN: 9783758387944.

Referenzen

Einstein, A. (1905). Ist die Trägheit eines Körpers von seinem Energiegehalt abhängig? *Annalen der Physik 18(13)*, S. 639–641.

Einstein, A. (1916). Die Grundlage der allgemeinen Relativitätstheorie. *Annalen der Physik 354(7)*, S. 769–822.

Newton, I. (1687). *Philosophiae Naturalis Principia Mathematica*. 1. Auflage. Jussu Societatis Regiae ac typis Josephi Streater, London 1687 (http://cudl.lib.cam.ac.uk/view/PR-ADV-B-00039-00001/9 [besucht am 08.02.2021]).

Kolek, Erik (2024). Über die physikalischen Grundlagen der interstellaren Raumfahrt. In: *Chroniken der Wirtschaftsinformatik-Physik (CWIP)*. Band 2, Auflagen-Nr. 1.0. ISBN: 9783758387944.

Anhang

1 Xe	2 Rn	3 Kr	4 Ar	5 Ne	6 F	7 O	8 N	9 Cl	10 He
11 H	12 Br	13 P	14 Li	15 S	16 Na	17 Be	18 I	19 Mg	20 K
21 B	22 Se	23 C	24 Rb	25 Zn	26 Ca	27 As	28 Si	29 Al	30 Hg
31 At	32 Cd	33 Cs	34 Mn	35 Sr	36 Te	37 Sc	38 Cr	39 Fr	40 Fe
41 Ti	42 Ni	43 Cu	44 Ga	45 Co	46 V	47 Sb	48 Po	49 Ge	50 Yb
51 Es	52 Eu	53 Fm	54 Ba	55 Ag	56 In	57 Cf	58 Ra	59 Sm	60 Y
61 Tl	62 Sn	63 Bi	64 Tm	65 Pd	66 Pb	67 Rh	68 Ru	69 Zr	70 Pm
71 Dy	72 Nd	73 Ho	74 Nb	75 Pr	76 Mo	77 Er	78 La	79 Tc	80 Ce
81 Tb	82 Gd	83 Au	84 Lu	85 Am	86 Ac	87 Bk	88 Pt	89 Cm	90 Pu
91 Hf	92 Ir	93 Np	94 Pa	95 U	96 Os	97 Ta	98 W	99 Re	100 Th

$$T_{max}\mu_i = n_i$$

Element

Abbildung 2. Ordnungsrahmen der Elemente der Quantenchemie sortiert nach ihrer eher wahrscheinlichen Entstehung gemäß einem allgemein angenommenen Sternenlebenszyklus hinsichtlich der kontinuierlich anwachsenden Atomtemperaturmasse pro Element ($T_{max}\mu_i = n_i$).

Kolek, Erik (2024). Über die physikalischen Grundlagen der interstellaren Raumfahrt. In: *Chroniken der Wirtschaftsinformatik-Physik (CWIP)*. Band 2, Auflagen-Nr. 1.0. ISBN: 9783758387944.

Inhaltsübersicht

In diesem Forschungsartikel wird eine Theorie der Quantengravitation entwickelt. Diese basiert auf der Idee, dass Licht aus hellen und dunklen Photonen besteht (Theorie der Lichtwärme). Es ist überzeugend, dass Sterne und schwarze Löcher Lichtwärme emittieren und absorbieren. Dies führt zu der Annahme, dass die Schwerkraft von Planeten und Teilchen durch emittierte oder absorbierte Lichtwärme beeinflusst wird.

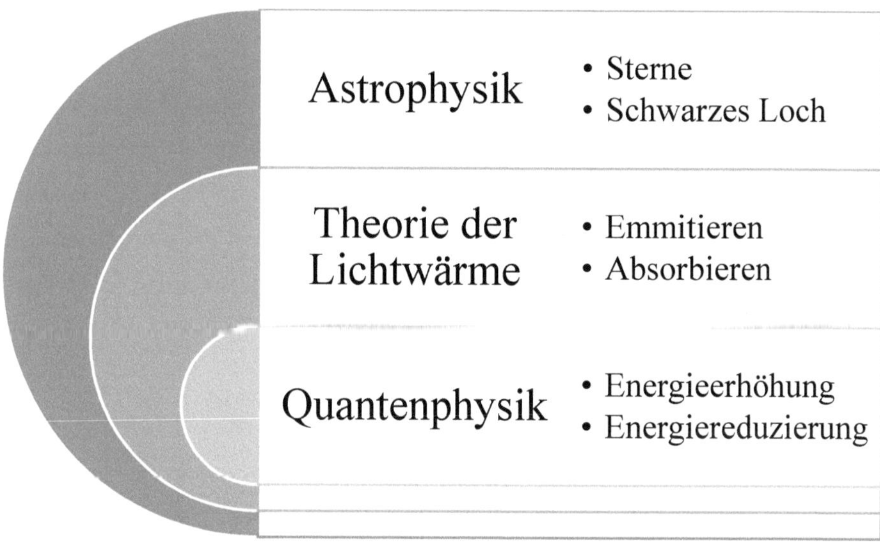

Abbildung 3. Inhaltsübersicht dargestellt durch die Bedeutung der Theorie der Lichtwärme.

Kolek, Erik (2024). Über die physikalischen Grundlagen der interstellaren Raumfahrt. In: *Chroniken der Wirtschaftsinformatik-Physik (CWIP)*. Band 2, Auflagen-Nr. 1.0. ISBN: 9783758387944.

Wissenschaftliche Zitierung:

Kolek, Erik (2024). Die Grundlage der anti-allgemeinen Relativitätstheorie. In: *Über die physikalischen Grundlagen der interstellaren Raumfahrt.* Chroniken der Wirtschaftsinformatik-Physik (CWIP). Band 2, Auflagen-Nr. 1.0.

Erik Kolek (2024)

Die Grundlage der anti-allgemeinen Relativitätstheorie.

Zusammenfassung.

Auf der Grundlage der allgemeinen Relativitätstheorie von Albert Einstein wird die Grundlage der anti-allgemeinen Relativitätstheorie von Erik Kolek abgeleitet, welche genauso wie die allgemeine Relativitätstheorie von Albert Einstein eine neue Gravitationsfeldtheorie beinhaltet; jedoch handelt es sich bei der anti-allgemeinen Relativitätstheorie von Erik Kolek im physikalischen Anti-Allgemeinfall um die Anti-Gravitationsfeldtheorie.

Die Grundlage der anti-allgemeinen Relativitätstheorie.

Die in diesem Forschungsartikel beschriebene Theorie formiert die vorstellbar weitreichendste Erweiterung der momentan generell als „*Relativitätstheorie*" benannten Theorie; die letztere bezeichne ich zur Differenzierung von der ersteren als „*allgemeine Relativitätstheorie*" und setze diese wie Albert Einstein ebenfalls als vertraut voraus (Einstein, 1916). Die Erweiterung der Relativitätstheorie wurde extrem leicht möglich durch das Design, welche der allgemeinen Relativitätstheorie über Albert Einstein durch Minkowski verliehen wurde, der als erster die vorschriftsmäßige Gleichheit der Raumkoordinaten und der zeitlichen Koordinaten fehlerfrei verstand und für die entgegengesetzte Dimensionierung dieser Theorie erfahrbar gestaltete. Die für diese anti-allgemeine Relativitätstheorie notwendigen mathematischen Methoden wurden unverändert übernommen in der Form des „absoluten Differentialkalküls", das auf den Forschungsergebnissen von Gauss,

Kolek, Erik (2024). Über die physikalischen Grundlagen der interstellaren Raumfahrt. In: *Chroniken der Wirtschaftsinformatik-Physik (CWIP)*. Band 2, Auflagen-Nr. 1.0. ISBN: 9783758387944.

Riemann und Christoffel über nicht-euklidische Vielfältigkeiten basiert sowie von Ricci und Levi-Civita in einer Systematik organisiert und schon auf Fragestellungen der theoretischen Physik Anwendung fanden. Ich habe wie Albert Einstein (1916) im Abschnitt B dieses gegebenen Forschungsartikels alle für die Leserinnen und Leser notwendigen, nicht als vertraut zu unterstellenden mathematischen Methoden in tunlichst nachvollziehbarer und transparenter Art ausgebildet, so dass ein Wissen über mathematische Referenzen für ein Verstehen dieser Darstellung unnötig ist. Schließlich sei an dieser Stelle dankerfüllt meines erdachten Begleiters, des Physikers Albert Einstein, erinnert, welcher mir durch seine Arbeit nicht nur das Studium der einschlägigen physikalischen Fachliteratur als überflüssig gestaltete, aber mich ebenso bei der Entdeckung der Feldgleichungen der Anti-Gravitation indirekt als Mentor über seine scharfkantige Logik {wirkungsvoll} unterwies.

A. Grundsätzliche Überlegungen zum Grundsatz der Relativität.

§ 1. Grundzüge der speziellen Relativitätstheorie.

Die spezielle Relativitätstheorie basiert auf dem folgenden Grundsatz, der ebenfalls mittels der Galilei-Newtonschen Theorie eingehalten wird: Wird ein Bezugssystem K entsprechend ausgewählt, so dass hinsichtlich auf dieses die Physikgesctzc in dereu verständlichsten Art gültig sind, dann sind *die gleichen* Naturgesetze ebenfalls hinsichtlich jedem anderen Bezugssystem K' gültig, das relativ hinsichtlich K in einer gleichförmigen Translation bewegt ist. Diesen Grundsatz nennt Albert Einstein „spezieller Relativitätsgrundsatz". Mit dem Begriff „speziell" ist eigentlich gemeint, dass der Grundsatz auf ein Szenario limitiert ist, so dass K' die *gleichmäßige Translationsfortpflanzung* hinsichtlich K innehat, so dass sich jedoch eine Gleichheit hinsichtlich K' sowie K keinesfalls auf das Szenario *nicht gleichmäßiger* Translation bezüglich K' hinsichtlich K ausdehnt.

Diese spezielle Relativitätstheorie erfährt demnach von der Newtonschen Theorie keine Abweichung aufgrund des Relativitätsgrundsatzes, stattdessen lediglich durch

Kolek, Erik (2024). Über die physikalischen Grundlagen der interstellaren Raumfahrt. In: *Chroniken der Wirtschaftsinformatik-Physik (CWIP)*. Band 2, Auflagen-Nr. 1.0. ISBN: 9783758387944.

den Grundsatz der konstanten Lichtgeschwindigkeit im luftleeren Raum (Vakuum), aus dem in Verbindung mit dem speziellen Relativitätsgrundsatz die Gleichzeitigkeitsrelativität und die Transformation nach Lorentz sowie die mit dieser verbundenen Naturgesetze hinsichtlich der Verhaltensweise fortgepflanzter praktisch starrer Körper und Uhren in vorausgesetzter Art Folge leisten.

Die Anpassung, die diese Raumzeittheorie anhand der speziellen Relativitätstheorie dank Albert Einstein erfährt, repräsentiert natürlich eine einschneidende; jedoch *der* zentrale Aspekt war weiterhin unberücksichtigt. Ebenfalls nach der speziellen Relativitätstheorie sind beispielsweise geometrische Axiome direkt als die Lagegesetze über die potenziellen relativen Orte (unbeweglicher) Festkörper zu verstehen, (noch) allgemeiner die Kinematikaxiome als Axiome, die die Verhaltensweisen von Maßstäben (Teststäben) und gleichbeschaffenen Uhrzeigergeräten charakterisieren. Zwei markierten Punktmassen eines starren (unbeweglichen) Körpers gleicht dabei beständig einer Entfernung von ausnahmslos bestimmter Längenzahl, nicht abhängig von Lage und Richtung des Körpers als auch von der zeitlichen Koordinate; zwei markierte Uhrzeigereinstellungen einer relativ hinsichtlich des (berechtigten) Koordinatensystems abgelegter Uhr gleicht immer einer Zeitentfernung von bezeichneter Längenzahl, nicht abhängig von Lage und zeitlicher Koordinate. Es wird zeitnah ersichtlich, dass die anti-allgemeine Relativitätstheorie diesen verständlichen Physikgedanken der Raum-Zeit (auch) nicht beizubehalten vermag.

§ 2. Zu den Begründungen, die die Erweiterung des Relativitätsgrundsatzes motivieren.

Die Newtonsche Theorie und genauso die spezielle Relativitätstheorie besitzt eine Limitation aufgrund ihrer theoriebasierten Erkenntnisse, welche wahrscheinlich zuerst von E. Mach verständlich beschrieben worden ist. Albert Einstein erklärt dies an dem nächsten Modellbeispiel. Zwei aus Flüssigkeit bestehende Bezugskörper {Bezugsmassen} nicht ungleicher Geometrie und Klasse befinden sich frei

Kolek, Erik (2024). Über die physikalischen Grundlagen der interstellaren Raumfahrt. In: *Chroniken der Wirtschaftsinformatik-Physik (CWIP)*. Band 2, Auflagen-Nr. 1.0. ISBN: 9783758387944.

schwebend in einem Raum mit einer entsprechend weiten Strecke zwischen ihnen (dieselbe Strecke trennt sie auch von den restlichen Punktmassen), so dass lediglich die Wechselwirkungen der Gravitation (Schwere) zu beachten sind, die alle Bestandteile von *einem* der beiden Bezugskörper {Bezugsmassen} auf sich gegenseitig haben. Eine Strecke zwischen beiden Bezugskörpern gilt als Konstante{, eine Verknüpfungsgerade beider Massenschwerpunkte veranschauliche stets hinsichtlich der gleichen Lage am Fixsternhimmel}. Eine bewegungsbezogene Relativität hinsichtlich der Bestandteile beider Bezugskörper {Bezugsmassen} zueinander soll (noch) vernachlässigt werden. Jedoch sollen sich alle Punktmassen {insgesamt} – von einem festplatzierten, unbeweglichen Beobachter relativ hinsichtlich von den weiteren Punktmassen betrachtet – die sich um eine (erdachte) Gerade die beide aus Flüssigkeit bestehenden Punktmassen verbindend durchdringt mit gleichbleibendem Winkel sowie gleichbleibender Geschwindigkeit drehen (so stellt sich eine vorstellbare Bewegung nach der Relativität der zwei Punktmassen dar). Jetzt stellte sich Albert Einstein die (*unzähligen*) Oberflächen der zwei Bezugskörper {Bezugsmassen} (K_1 sowie K_2) vor, die mittels von (relativ fest abgelegten) Einheitsstäbe (Teststäbe) gemäß messender Physik bestimmt sind; daraus folgt, dass die oben befindliche Fläche von K_1 nach der sphärischen Geometrie eine (nicht rotierende) Kugel, die von K_2 nach der quasi-sphärischen Geometrie einen rotierenden Ellipsoid darstellt.

Albert Einstein hinterfragte jetzt: Welche Begründung besteht dafür, dass sich die Bezugskörper K_1 und K_2 in ihrer Verhaltensweise unterscheiden? Eine gemäß der Erkenntnistheorie (auch Erfahrungstheorie oder Erfahrbarkeitstheorie genannt) zufriedenstellende Antwort bezüglich der letzten Fragestellung darf lediglich in dem Fall akzeptiert {definiert} werden, falls der als Begründung erdachte Gegenstand einen *wahrnehmbaren* (mit den Sinnen von Lebewesen beobachtbaren) *Erfahrungsgegenstand* darstellt; da das allgemeine Kausalitätsnaturgesetz lediglich für den Fall eine sinnvolle Annahme (Theorie, Aussage) über eine Welterfahrung zulässt, falls Wirkung und dessen Ursache schlussfolgernd lediglich als

Kolek, Erik (2024). Über die physikalischen Grundlagen der interstellaren Raumfahrt. In: *Chroniken der Wirtschaftsinformatik-Physik (CWIP)*. Band 2, Auflagen-Nr. 1.0. ISBN: 9783758387944.

wahrnehmbare (ersinnbare) *Gegenstände* existieren. So eine erfahrungstheoretisch zufriedenstellende Beantwortung kann selbstverständlich stets seiner Physik betreffend weiterhin falsch sein, wenn diese mit den sonstigen (gewonnenen) Erkenntnissen nicht übereinstimmt.

Die klassische Theorie kann keine zufriedenstellende Beantwortung dieser Fragestellung liefern. Diese beinhaltet beispielweise folgende Aussage. Die Bewegungsgesetze sind gültig sowohl für das räumliche Bezugssystem S_1, hinsichtlich dem der Bezugskörper K_1 ruhend da liegt, jedoch keinesfalls hinsichtlich dem zweiten räumlichen Bezugssystems S_2, hinsichtlich dem K_2 ruht. Das begründete räumliche Galileische Bezugssystem S_1, das dadurch implementiert ist, entspricht jedoch einer *rein erfundenen* (*oder rein phantasierten*) Ursache, (und damit) keinem wahrnehmbaren (ersinnbaren) Gegenstand. Dadurch wird demnach erkennbar, dass die klassische Theorie die Bedingung der Kausalitätsgesetzes zwischen Ursache und Wirkung in diesem erdachten Szenario in der (nur schwierig erfahrbaren) Wirklichkeitswelt nicht, stattdessen lediglich in der (leicht zu erlebenden) Realitätswelt einhält, dadurch dass diese die rein erdachte Ursache S_1 für die ersinnbare unterschiedliche Verhaltensweise der Bezugskörper K_1 sowie K_2 anerkennt.

Eine zufriedenstellende Beantwortung der vorher eröffneten Fragestellung darf lediglich entsprechend formuliert sein: Aufgrund des mittels K_1 plus K_2 gebildeten (weiteren) mit der Physik übereinstimmenden Bezugssystems ist nur aufgrund seiner Existenz (das ist das Sein) (noch) keinesfalls eine mögliche (vorstellbare) Ursache erkennbar {enthalten}, aufgrund derer die unterschiedlichen Verhaltensweisen von K_1 sowie K_2 zu erklären wären. Eine (mögliche) Ursache sollte demnach *nicht innerhalb sondern extern* des (nach der Geometrie neu gebildeten) Bezugssystems zu finden sein. Allgemein wird hierdurch die Meinung (Annahme) [einem gemäß der Theorie vorstellbaren Bild oder Modell wie ein metaphorisch erdachter Schaschlikspieß (Entfernung) an dem nur links und rechts je ein Wassertropfen (Bezugskörper) hängt]

Kolek, Erik (2024). Über die physikalischen Grundlagen der interstellaren Raumfahrt. In: *Chroniken der Wirtschaftsinformatik-Physik (CWIP)*. Band 2, Auflagen-Nr. 1.0. ISBN: 9783758387944.

abgeleitet, dass allgemeine Mechanikgesetze, die im einzelnen (speziellen) das Design von K_1 sowie K_2 vorgeben, entsprechend zu gestalten sind, so dass das {gewohnte} Bewegungsverhalten von K_1 sowie K_2 mit einem hohen Anteil durch entfernte Punktmassen mitversursacht sein müssen, die Albert Einstein (absichtlich) nicht ihrem untersuchten Bezugssystem hinzuaddierte. Diejenigen entfernten Punktmassen (inklusive ihrer Mechaniken (Bewegungen) nach der Relativität hinsichtlich der untersuchten Bezugskörper) können demnach aufgefasst werden als Überträger grundsätzlich wahrnehmbarer (ersinnbarer) Ursachen hinsichtlich der unterschiedlichen Verhaltensweisen der beiden angesehenen Bezugskörper; diese haben (bekommen) die Aufgabe (Rolle) der *erfundenen* Ursache S_1. Ausgehend aller vorstellbaren, relativ auf einen Ereignispunkt hin (zueinander) willkürlich fortgepflanzten räumlichen (Galileischen) Bezugssysteme S_1, S_2, S_i kann im Vorhinein (a priori) keines eine Bevorzugung durch die Wahrnehmung erfahren, falls der beschriebene Einspruch aufgrund der erfahrungsbasierten Theorie keineswegs erneut relevant werden darf. (*Allgemeine*) *Physikgesetze dürfen nur entsprechend gestaltet werden, so dass diese hinsichtlich von willkürlich nicht-ruhenden Koordinatensystemen gültig sind.* Albert Einstein gestaltete demnach nach dieser Methode eine (erfahrbare bzw. überprüfbare) Erweiterung seines Relativitätsgrundsatzes; Erik Kolek natürlich entsprechend auch in den späteren Abschnitten dieser Abhandlung.

Zusätzlich zu dieser wohlbegründeten erfahrungstheoriebasierten Auffassung kann jedoch ebenfalls eine allgemein in der (theoretischen) Physik akzeptierte (Grund-)Wahrheit für eine Relativitätstheorieerweiterung sprechen. K stellt ein Koordinatensystem nach Galilei dar, also eines, das relativ hinsichtlich diesem (geringstenfalls ab vier untersuchten Dimensionen pro Bereich bzw. System; kein flaches Gebiet, wie ein gespanntes Bettlagen in dessen Mitte ein schwerer Kugelkörper ruht, ist hier gemeint) eine ausreichend von den sonstigen abgelegene Punktmasse sich gleichmäßig auf einer Geraden fortpflanzt. K' stellt ein zweites Bezugssystem nach Galilei dar, das relativ hinsichtlich K in einer *gleichmäßig*

Kolek, Erik (2024). Über die physikalischen Grundlagen der interstellaren Raumfahrt. In: *Chroniken der Wirtschaftsinformatik-Physik (CWIP)*. Band 2, Auflagen-Nr. 1.0. ISBN: 9783758387944.

beschleunigten Translation (Richtung) bewegt ist. Relativ hinsichtlich K' erlebt demnach eine ausreichend von den sonstigen entfernte Punktmasse eine Beschleunigungsbewegung, und zwar so, dass dessen Geschwindigkeitserhöhung sowie Beschleunigungstranslation seitens seiner {bzw. seitens der gemäß der Physik natürlichen Gegebenheit der betrachteten} elementaren Verbindung sowie seiner nach der Physik bestehenden Beschaffenheit nicht abhängt.

Ist es einem relativ hinsichtlich K' unbeweglichen (praktisch starren) Beobachter damit möglich eine Schlussfolgerung zu formulieren, ob er oder sie „tatsächlich" auf einem immer schneller werdenden Koordinatensystem ruht? Die Antwort auf diese Fragestellung lautet nein; da die soeben beschriebene Verhaltensweise voneinander getrennt bewegter Punktmassen relativ hinsichtlich K' genauso gut mittels folgendem Ansatz erklärbar ist. Das Koordinatensystem K' sei nicht beschleunigt (es ruht also); innerhalb diesem untersuchten raumzeitlichen Bereich existiert jedoch ein Schwerefeld, das die Beschleunigungsbewegung von Bezugskörpern relativ hinsichtlich K' auslöst bzw. verursacht.

Die vorherige Schlussfolgerung (Theorie, Annahme) entsteht deswegen als eine Möglichkeit, weil Albert Einstein über die Erfahrung verfügte, dass dieser durch das Bestehen des Energiefeldes (beispielsweise eines Schwerefeldes) gelernt hatte, das einen eigenartigen Charakter besitzt, allen Bezugskörpern die gleiche Geschwindigkeitserhöhung zuzuordnen. Eötvös bewies in einem Experiment, dass dieses Schwerefeld diesen Charakter samt hoher Präzision aufweist. Das gewohnte Bewegungsverhalten von Bezugskörpern relativ hinsichtlich K' ist das gleiche, das sich nach der Erfahrung gegenüber Bezugssystemen darstellt, welche Albert Einstein gewöhnlich als „unbewegliche" oder als „begründete" Koordinatensysteme betrachtete; daher entspricht dies ebenfalls der physikalisch vertretbaren Meinung, zu schlussfolgern, dass beide Bezugssysteme K sowie K' mittels der gleichen Feststellung eine „unbewegliche" Betrachtung zu finden ermöglicht, oder dass diese

Kolek, Erik (2024). Über die physikalischen Grundlagen der interstellaren Raumfahrt. In: *Chroniken der Wirtschaftsinformatik-Physik (CWIP)*. Band 2, Auflagen-Nr. 1.0. ISBN: 9783758387944.

als Koordinatensysteme hinsichtlich der nach der Physik bestehenden Darstellung von Prozessen gleich geeignet sind.

Anhand dieser Überlegungen wird allgemein ersichtlich, dass die Aufstellung der (anti-)allgemeinen Relativitätstheorie gleichzeitig zu einer (Anti-)Gravitationstheorie erfahrungsgemäß leitet; da allgemein ein (Anti-)Gravitationsfeld mittels reiner Veränderung des Bezugssystems „hergestellt" {„ausgelöst"} werden kann. Allgemein wird (für beide Theorien) auch direkt erkannt, dass der Grundsatz hinsichtlich der Unveränderlichkeit der Lichtkörpergeschwindigkeit im luftleeren Raum (Vakuum) eine Abänderung gemäß der Erfahrung benötigt. Da allgemein schnell erlernt wird, dass die Schwebebahn eines Lichtkörpers (Photon) hinsichtlich K' allgemein einer gebogenen Bahnkurve zu entsprechen hat, sobald sich ein Lichtkörper (Photon) hinsichtlich K mit einer festgelegten, gleichbleibenden Translationsgeschwindigkeit auf einer Geraden bewegt.

§ 3. Das (Anti-)Raum-Zeit-Kontinuum. Anforderung der (anti-)allgemeinen Kovarianz hinsichtlich der die (anti-)allgemeinen Naturgesetze beschreibenden Gleichungen.

Nach der speziellen Relativitätstheorie und der Newtonschen Theorie besitzen die räumlichen und zeitlichen Punktkoordinaten in der Physik einen direkten Sinn nach der Logik. Ein Koordinatenereignis besitzt die Koordinate x_1 auf der X_1-Achse, inhaltlich heißt das: Eine gemäß der Sätze der Geometrie nach Euklid mithilfe von praktisch starren Stäben gefundene Übertragung eines Koordinatenereignisses auf diese X_1-Achse bleibt bestehen, dadurch dass allgemein ein festgelegter Teststab, ein einheitlicher Maßstab, (entsprechend oft, das bedeutet) mit einer x_1-Anzahl ausgehend von der Startkoordinate des Bezugskörpers auf der (nicht-negativen) X_1-Achse abgelegt wird. Eine Punktmasse besitzt x_4 gleich t als X_4-Koordinatenwert, bedeutet inhaltlich: Eine relativ hinsichtlich des Bezugssystems fest abgelegte, mit einem Ereignis gemäß seiner Koordinaten im Raum (nahezu) zusammentreffende (einheitlich beschaffene) Testuhr, die (vor dem Ablegen) gemäß bestimmter Regeln

Kolek, Erik (2024). Über die physikalischen Grundlagen der interstellaren Raumfahrt. In: *Chroniken der Wirtschaftsinformatik-Physik (CWIP)*. Band 2, Auflagen-Nr. 1.0. ISBN: 9783758387944.

eingestellt, tickt, muss bei dem Zusammentreffen eines Koordinatenereignisses (beispielsweise bei der Planetenentstehung durch eine x_i-Anzahl aufeinandertreffender schwerer Körper) x_4 gleich t Zeitabstände (Zeitperioden) durchlaufen haben. Die Bestimmbarkeit von „*Gleichzeitigkeit*" hinsichtlich im Raum direkt vorhandener Ereignisnachbarn (Punktnachbarn), bzw. – genauer formuliert – hinsichtlich {der Raum-Zeit-Koinzidenz} des in der Raum-Zeit direkten {Nebeneinander-Seins} Nebeneinanderseins (Punktkoinzidenz) vermutete Albert Einstein, jedoch mit einem dafür fehlenden grundsätzlichen Terminus, (also) mit einer fehlenden Begriffsdefinition; diese Definition könnte beispielsweise nach der Meinung von Erik Kolek lauten: Bei einer Koinzidenz von Punktnachbarn gemäß ihrer Koordinaten im betreffenden System K(x, y, z, t) handelt es sich um eine Koordinatenkollision von Bezugskörpern.

Albert Einstein implementierte innerhalb eines (vierdimensionalen) Raumbereichs, welcher keine Schwerefelder aufweist, das Koordinatensystem nach Galilei K mit den Koordinatenzahlen x, y, z und t, sowie zusätzlich das relativ hinsichtlich K gleichmäßig drehende Bezugssystem K' mit den Koordinaten x', y', z' und t'. Der gemeinsame Startpunkt dieser zwei Koordinatensysteme und ihre Z-Koordinatenachsen sollen fortwährend aufeinanderliegen. Albert Einstein wollte lernen, dass für eine Messung der Raum-Zeit-Koordinaten innerhalb des Koordinatensystems K' die vorherige Bestimmung hinsichtlich des physikbezogenen Sinns von Längeneinheiten sowie Zeiteinheiten keinesfalls möglich ist beizubehalten. Aufgrund der Symmetrie (aufeinanderliegender Koordinatensysteme) ist leicht zu verstehen, dass wenn um einen Startpunkt ein Kreis auf der X-Y-Fläche von K gleichzeitig ein Kreis auf der X'-Y'-Fläche von K' gedanklich darstellt. Albert Einstein dachte sich jetzt den dazugehörigen Kreisumfang sowie Kreisdurchmesser mithilfe eines (relativ hinsichtlich des Kreisradius nicht endlich kurzem) Einheitsteststabs abgemessenen sowie das mathematische Ergebnis einer Division (Quotient) von Umfang des Kreises geteilt durch den Durchmesser des Kreises bestimmt. Wäre allgemein das (soeben erdachte) Kreisexperiment mithilfe eines

Kolek, Erik (2024). Über die physikalischen Grundlagen der interstellaren Raumfahrt. In: *Chroniken der Wirtschaftsinformatik-Physik (CWIP)*. Band 2, Auflagen-Nr. 1.0. ISBN: 9783758387944.

relativ hinsichtlich eines Koordinatensystems nach Galilei K abgelegten Teststabs durchgeführt worden, dann wäre allgemein der Quotient als Zahlenwert π bestimmt. Allgemein ist das einfach nachzuvollziehen, falls allgemein der gesamte Messvorgang, ausgehend von dem „unbewegten" Koordinatensystem K bewertet und beachtet wird, so dass der am Rand (an der Peripherie) befindliche abgelegte Teststab eine Verkleinerung nach Lorentz erhält, der den Radius betreffenden (radialen) Teststab jedoch keinesfalls. Das ist mit der Rotationsbewegung des Koordinatensystems K' begründet, wodurch für einen praktisch (nahezu) starren Beobachter, der auf dem Kreis von K sitzt und den Kreis von K' sieht, die Stäbe auf dem Radius gleichlang erscheinen und Stäbe die auf dem Umfang (Rand) des Kreises liegen sich aufgrund der Rotationsgeschwindigkeit optisch verkürzen; für ein noch besseres Verständnis können Leserinnen und Leser einfachhalber an ein kreisrundes Karussell mit zwei Ebenen denken. Die untere Ebene, in der die erste Gruppe von Lesern sitzt, bewegt sich nicht und die Ebene darüber, wo die zweite Gruppe von Lesern zusammen mit Erik Kolek sitzen, hingegen schon. Deswegen ist hinsichtlich von K' eine Geometrie nach Euklid ungültig; das vorher erdachte (definierte) Koordinatenverständnis, das nicht ohne eine Geometrie nach Euklid logisch erscheint beziehungsweise dessen Geltung demnach verlangt, kann demnach keine Anwendung finden hinsichtlich des Koordinatensystems K'. Es ist auch nicht möglich innerhalb von K' eine mit den Anforderungen der Physik übereinstimmendes, allgemeines Zeitverständnis einzuführen, das mithilfe von relativ hinsichtlich K' fixierten (ruhenden), übereinstimmend konstruierten (beschaffenen) Uhrzeigermaschinen abgelesen werden kann. Damit das nachvollziehbar wird, sollen sich Leserinnen und Leser in dem (vierdimensionalen) Achsenursprungspunkt des Koordinatensystems K(x, y, z, t) als auch am Kreisrand (Kreisumfang, an der Kreisperipherie) jeweils eine der beiden übereinstimmend konstruierten Zeitmessmaschinen (Uhrzeigergeräte) abgelegt vorstellen sowie von dem „nicht-rotierenden bzw. ruhenden" Koordinatensystem K ausgehend anschauen. Gemäß einem der (wohl) bekanntesten Ergebnisse der speziellen Relativitätstheorie tickt – ausgehend von K (mit euklidisch

Kolek, Erik (2024). Über die physikalischen Grundlagen der interstellaren Raumfahrt. In: *Chroniken der Wirtschaftsinformatik-Physik (CWIP)*. Band 2, Auflagen-Nr. 1.0. ISBN: 9783758387944.

einheitlichen Zeitstäben zwischen den Uhrzeigerstellungen) abgemessen – eine auf dem Kreisrand (Kreisumfang) abgelegte Zeigeruhr kriechender (verlangsamter) als diejenige auf dem Startpunkt abgelegte Zeigeruhr, da die erste Zeigeruhr sich mit dreht fixiert in K', die zweite jedoch keinesfalls bewegt ist, stattdessen (praktisch) starr (ruhend) daliegt in K. Ein in dem geteilten Ursprung beider Koordinatensysteme sitzender (ruhender) Beobachter, der ebenfalls die auf dem Kreisumfang fixiert abgelegte Zeigeruhr aufgrund von Lichtstrahlen zu sehen in der Lage sein sollte, sollte demnach die auf der Kreisperipherie fixiert abgelegte Zeigeruhr verlangsamter (zwischen den Zeigerabstandsstellungen gemessen mit euklidisch einheitlichen Zeitstäben) tickend wahrnehmen wie eine nahe demselben Beobachter fixiert abgelegte Zeigeruhr. Weil der Beobachter sich keinesfalls zu der Entscheidung überzeugen lassen wird, die (gleichbleibende) Lichtbewegungsgeschwindigkeit (beziehungsweise Zeit) gemäß der möglichen ersichtlichen Strecken (Entfernungen) speziell (explizit) mit der Zeit (bzw. Lichtgeschwindigkeit) in Abhängigkeit (Verbindung) zu bringen, muss dieser Beobachter {die Zeitperiode} seine Sinneserfahrung dahingehend {entsprechend} weiterdenken, so dass eine Zeigeruhr auf der Kreisperipherie „in Wirklichkeit" verlangsamter (gemächlicher) tickt wie eine auf dem Koordinatenursprung abgelegte Zeigeruhr. Ein Beobachter sollte demnach zu keinerlei Vernachlässigung zuzulassen in der Lage sein, das Zeitverständnis entsprechend festzudenken (abzustimmen), so dass die Zeigergeschwindigkeit einer Zeigeruhr von der Lage bzw. dem Ort abhängig ist.

Albert Einstein erhielt demnach das Resultat: Nach der allgemeinen Relativitätstheorie ist es unmöglich (wirklich ausgeschlossen) räumliche sowie zeitliche (mit der messenden Physik übereinstimmende) Einheiten entsprechend zu definieren (festzudenken), so dass die Unterschiede (Abweichungen) bei Raumkoordinaten direkt mit dem (euklidisch) einheitlichen Teststab, Zeitkoordinaten mithilfe einer allgemeingültigen normalen Zeigeruhr messbar wären. Dieselbe physikalische Tatsache erhält auch Erik Kolek als das Ergebnis der anti-allgemeinen Relativitätstheorie.

Kolek, Erik (2024). Über die physikalischen Grundlagen der interstellaren Raumfahrt. In: *Chroniken der Wirtschaftsinformatik-Physik (CWIP)*. Band 2, Auflagen-Nr. 1.0. ISBN: 9783758387944.

Die gewohnte Vorgehensweise, wie in gelernter Art Punktkoordinaten für das Raum-Zeit-Kontinuum anzugeben, ist demnach nicht richtig. Außerdem sollte ebenfalls auch keine *sonstige* Methode {*ausschließlich* die folgende Methode} geeignet sein, die es ermöglichen könnte, {eines der} Bezugssysteme (Koordinatensysteme) an ein Universum (bzw. eine Welt) mit vier Dimensionen übereinstimmend anzugleichen, damit durch deren Nutzung eine völlig leichte Ableitung {Gestaltung} von Naturgesetzen (allgemeiner Art) zu erhoffen {bewirken} sein sollte; (denn das ist unmöglich). Die einzige Methode besteht daraus, jedes erdenkbare (gedankliche Eingrenzungen, die einer Einhaltung von festbestimmter Verknüpfung sowie deren (gedankliche) Verbindung mit Dauerhaftigkeit gleichen, sollen hier nicht bestehen) Bezugssystem (Koordinatensystem) dem Prinzip nach gleich geeignet zu betrachten für die Beschreibung von (allgemeinen) Naturgesetze. Hierdurch wird folgende Definition (bzw. folgendes Prinzip) als Bedingung denkbar:

Alle Naturgesetze allgemeiner Art müssen mit Formeln (Gleichungen) beschreibbar sein, welche hinsichtlich jeder Art von Bezugssystem (Koordinatensystem) (gleichermaßen) gültig sind, das bedeutet, diese müssen (allgemein) kovariant (übereinstimmend) mit möglichen Veränderungen (Variablen, Substitutionen) sein.

Dies sollte leicht zu verstehen sein, zumal jede Physik, die dieser Definition gleicht, (auch) Albert Einsteins allgemeinem Relativitätsprinzip (Relativitätsgrundsatz) gleicht. Da *alle* Veränderungen (Substitutionen) zumindest ebenfalls Veränderungen (Substitutionen) gleichen müssen, muss (auch) jede *Bewegung relativ* (*mit drei Dimensionen*) zu seinem Koordinatensystem gleichen, (das gleicht einer denkbaren Definition von Relativbewegung). Diese allgemeine kovariante Bedingung, die der Raum-Zeit den restlichen Anteil von Gegenstand sein gemäß der Physik (Objektivität) nimmt, eine Bedingung gemäß seiner Natur darstellt, kann anhand des nächsten Gedankens nachvollzogen werden. Jede Raum-Zeit-Festlegung (Aussage, Konstatierung) der Menschen gleicht immer der Festlegung von Raum-Zeit-Verschmelzung (Kollision, Koinzidenz). Würde zum Beispiel das (Raum-Zeit-

Kolek, Erik (2024). Über die physikalischen Grundlagen der interstellaren Raumfahrt. In: *Chroniken der Wirtschaftsinformatik-Physik (CWIP)*. Band 2, Auflagen-Nr. 1.0. ISBN: 9783758387944.

)Ereignis (Geschehen) lediglich aus einer Geschwindigkeit (Bewegung) von Massepunkten (Materieteilchen) bestehen, dann müssten schlussfolgernd lediglich die Kollisionen (bzw. auch Annäherungen, also Begegnungen) von zwei oder mehreren Punkten beobachtbar (bzw. zu sehen) sein. Sogar die Messergebnisse der Menschen gleichen nichts anderem als der Festlegung solcher Zusammenkünfte (Begegnungen) von Massepunkten (Quantenmassen) gemäß der Maßeinheiten (Maßstäbe, Teststäbe) der Menschen mit davon verschiedenen Punktmassen bzw. Übereinstimmungen (Koinzidenzen von Gleichungen) zwischen (unterschiedlichen langen Strecken von) Uhrzeigern, (unterschiedlichen großen Kreisen von) Uhrzifferblättern sowie darauf befindlichen Uhrzifferstrichen (Uhrzifferstäbe; Punkte und die Anordnung von Punkten auf einem Uhrzifferblatt) mit gesehenen (beobachteten), gleichzeitig sowie (im selben Moment) gleichörtlich geschehenden Koordinatenereignissen (sogenannte Punktereignisse).

Die Nutzung eines Koordinatensystems hat nur eines zum Ziel, nämlich eine einfachere Darstellung (Charakterisierung, Beschreibung) solcher Übereinstimmungen (Koinzidenzen) als eine Ganzheit (also einen Zusammenschluss von Koordinaten hinsichtlich eines Punktereignisses) zu ermöglichen. Allgemein gleicht die Welt (unser Universum) vier raumzeitlichen Veränderlichen (Substitutionen) x_1 bis x_4, so dass jeder Ereignispunkt einem Bezugszahlensystem der Veränderlichen (Variablen) x_1, x_2, x_3, x_4 gleicht. Beiden (bzw. vielmehr allen) übereinstimmenden (koinzidierenden) Ereignispunkten gleicht dasselbe Zahlensystem der Veränderlichen x_1 bis x_4; das bedeutet, die Koinzidenz (also die Übereinstimmung der Substitutionen, Variablen) wird durch eine Koinzidenz der Koordinaten (Veränderliche, Substitutionen, Variablen) beschrieben. Wird allgemein anstatt der Veränderlichen x_1 bis x_4 variable (beliebige) Eigenschaften (Funktionen) desgleichen, x'_1 bis x'_4 als hinzukommendes Bezugssystem genutzt, damit die Koordinatenzahlensysteme exakt miteinander verbunden werden können, dann gleicht diese Gleichung hinsichtlich jeder der vier Koordinatenvariablen ebenfalls im zweiten Koordinatensystem dem Axiom (Satz, Ausdruck) für die Raum-Zeit-

Kolek, Erik (2024). Über die physikalischen Grundlagen der interstellaren Raumfahrt. In: *Chroniken der Wirtschaftsinformatik-Physik (CWIP)*. Band 2, Auflagen-Nr. 1.0. ISBN: 9783758387944.

Koinzidenz beider (oder mehrerer) Ereignispunkten. Da sich alle Erfahrungen (Erinnerungen, Gedanken) der Menschen gemäß der Physik schlussfolgernd durch entsprechende Koinzidenzen (Übereinstimmungen) erklärbar sind, erscheint (gedanklich) vorerst keine Begründung zu bestehen, das eine vor einem anderen Bezugssystem (Koordinatensystem) für besser geeignet zu bestimmen bzw. zu präferieren, das bedeutet Albert Einstein gelangte zu der Bedingung allgemeiner Übereinstimmung; (die von Albert Einstein geforderte Kovarianz von Gleichungen hinsichtlich der Raum-Zeit wird hier adressiert). Diese Forderung nach einer allgemeinen Kovarianz muss auch als eine Grundlage der anti-allgemeinen Relativitätstheorie unverändert bestehen bleiben, da hier der allgemeine Relativitätsgrundsatz von Albert Einstein weiterhin unverändert gültig ist.

§ 4. {Eine grundlegende Maßfunktion.} Verbindung von Punktkoordinaten auf vier Dimensionen {für den Raum sowie die Zeit} hinsichtlich der Raum-Zeit mit Messerfahrungen (Messresultaten).

Die der Untersuchung zugrunde liegende Gleichung (als ein sinngebender Satz bzw. eine analysierende Ausdrucksweise also ein Axiom) hinsichtlich des Gravitationsfeldes.

Albert Einstein war es nicht wichtig in seiner (subjektiven) Ableitung (Deduktion) seine allgemeine {bzw. die Gestaltung seiner} Relativitätstheorie als ein höchst leicht zu verstehendes Logiksystem (subjektive deduktive Denkweise) mit so wenig wie möglich verwendeten (integrierten, gedachten) Sätzen (Gleichungen, Ausdrücken, Axiomen) zu beschreiben. Stattdessen hatte Albert Einstein das Schwerpunktziel, seine allgemeine Relativitätstheorie direkt entsprechend auszuformulieren {aufzuzeigen}, so dass ein Beobachter die gedankliche (also gemäß der Psychologie bestehende) Natur seiner angewandten Methode versteht sowie dass seine vorausgesetzten Grundlagen mithilfe der Erfahrungstheorie hoffentlich

Kolek, Erik (2024). Über die physikalischen Grundlagen der interstellaren Raumfahrt. In: *Chroniken der Wirtschaftsinformatik-Physik (CWIP)*. Band 2, Auflagen-Nr. 1.0. ISBN: 9783758387944.

nachvollziehbar sind. Albert Einstein führte gemäß dieser Bedeutung bzw. dieses Sinns jetzt diese Grundlage ein:

Hinsichtlich niemals endender (unendlicher) winzigster Raum-Zeit-Bereiche auf vier Dimensionen, (deswegen können hier keine zweidimensionalen Gebiete bzw. Oberflächen gedacht werden), erscheint {bringt} Albert Einsteins (allgemeine einschließlich der speziellen) Relativitätstheorie in einem kleinerem (engeren) Sinn für den physikalischen Fall einer übereinstimmenden (koinzidenten) Auswahl von Koordinaten (wirklich) wahr zu sein.

Die Geschwindigkeit einer Bewegung (Beschleunigungsstatus) eines übereinstimmenden (koinzidenten) endlos winzigen („räumlichen") Bezugssystems (Koordinatensystems) muss dafür ausgleichend (entsprechend) ausgewählt werden, damit kein Schwerefeld (Gravitationsfeld) entstehen kann; das erscheint für einen endlos winzigen Raum-Zeit-Bereich denkbar zu sein. Die Raumkoordinaten sollen gegeben sein durch {wurden durch Albert Einstein benannt als} X_1 bis X_3; X_4 gleicht der zugeordneten zeitlichen Koordinate, (die auch eine Variable ist), welche mit einem geeigneten Maßstab gemessen wird. {Eine mit „Lichteinheiten" abgetragene Zeitperiode bzw.} der Zeitmaßstab (Zeitstab, Zeiteinstellung) muss übereinstimmend ausgewählt werden, damit die im luftleeren Raum (Vakuum) zu beobachtende Lichtbewegungsgeschwindigkeit v {Vakuums(licht)geschwindigkeit} – gemessen innerhalb des „räumlichen" Bezugssystems (Koordinatensystems) – gleich gesetzt mit 1 werden kann.

Alle vier Koordinaten zusammen bzw. Koordinatensysteme besitzen, falls diese als ein unveränderlicher (starrer) Stab also wie ein vorgebender einheitlicher Maßstab (Teststab) phantasiert (gedacht) ist, im Fall einer vorgegebenen Richtung des Bezugssystems einen direkten physikalischen Sinn (1a) gemäß der speziellen Relativitätstheorie; (im Falle von zwei Koordinatensystemen gedacht als zwei Punktereignisse erfolgt diese Beschreibung durch $dsds = ds^2$ und das negative Vorzeichen beschreibt einen unendlich kleinen Raum also den Gedanken einer

Kolek, Erik (2024). Über die physikalischen Grundlagen der interstellaren Raumfahrt. In: *Chroniken der Wirtschaftsinformatik-Physik (CWIP)*. Band 2, Auflagen-Nr. 1.0. ISBN: 9783758387944.

unvorstellbaren kleinen Größe in dem jedoch die Gleichzeitigkeit immer noch existiert, deswegen ist hier der physikalische Sinn versehen mit einem positiven Vorzeichen).

(1a) $+ ds^2 = - dX_1^2 - dX_2^2 - dX_3^2 + dX_4^2$ (Einstein, 1916, S. 777).

(1b Paralleluniversum) $- ds^2 = + dX_1^2 + dX_2^2 + dX_3^2 - dX_4^2$ (Einstein, 1916, S. 777).

Die Gleichung (1a) besitzt demnach koinzident mit der speziellen Relativitätstheorie ein Maß, das hinsichtlich der Richtung des räumlichen Bezugssystems nicht abhängig und mit einer räumlichen Zeitzählung erhebbar bzw. erfahrbar ist. Albert Einstein bezeichnet ds als den Stab (bzw. die Einheit) zugehörig gedacht hinsichtlich der endlosen (kleinen) Punktnachbarn innerhalb des Raums mit vier Dimensionen koinzident mit dem dazugehörigen Bezugslinienelement; (das ist ein Koordinatensystem das auf örtlich kleinster Dimension gedacht erscheint wie so ein Minilinienelement) {, dieses erscheint als ein mittels Stababtragung erhaltener Wert}. Hat die hinsichtlich diesem Linienelement [dX_1 bis dX_4] zugeordnete Größe (ds^2) ein positives Vorzeichen, dann bezeichnete Albert Einstein auf Grundlage von Minkowski dieses als ein zeitbestimmtes Element [Bezugssystem mit dX_1 bis dX_4] gleich seiner durch die Zeit bestimmten Größe (ds^2), im Umkehrschluss mit negativen Vorzeichen als ein raumbestimmtes Element (Bezugssystem mit dX_1 bis dX_4) gleich seiner durch den Raum bestimmten Größe (ds^2).

Hinsichtlich des untersuchten „Bezugslinienelements" oder hinsichtlich der zwei endlos nebeneinander befindlichen Ereignispunkte sind ebenfalls festgelegte Zuwächse (Differentiale, Summierungen) dx_1 bis dx_4 den Punktkoordinaten mit vier Dimensionen des ausgewählten Linienelementsystems zugeordnet. Wenn das eben beschriebene Linienelement und ein „räumlich" bestimmtes Bezugssystem hinsichtlich des untersuchten Punkts vorliegen bzw. abgelegt sind, dann müssen sich an dieser Stelle die dX_γ mittels einer festgelegten geradlinigen gleichförmigen Funktion der dx_σ zu beschreiben sein:

Kolek, Erik (2024). Über die physikalischen Grundlagen der interstellaren Raumfahrt. In: *Chroniken der Wirtschaftsinformatik-Physik (CWIP)*. Band 2, Auflagen-Nr. 1.0. ISBN: 9783758387944.

(2) $dX_\gamma = \sum_\sigma(\alpha_{\gamma\sigma} \times dx_\sigma)$; mit einer Unbekannten Alpha für zwei Linienelemente jedoch betrachtet und summiert ausgehend von σ (Einstein, 1916, S. 778).

Werden die Aussagen der Gleichung (2) in die Formulierungen der Gleichung (1a) eingesetzt, dann entsteht allgemein die folgende Gleichung (3):

(3) $ds^2 = \sum_{\sigma\tau}(g_{\sigma\tau} \times dx_\sigma \times dx_\tau)$; mit einer Veränderlichen für die Gravitation abgeleitet von zwei summierten Linienelementen στ (Einstein, 1916, S. 778).

Die mathematischen Konstrukte $g_{\sigma\tau}$ gleichen den Eigenschaften der x_σ, welche nun ihre Abhängigkeit verloren haben müssen hinsichtlich der Richtung sowie vom Bewegungsstatus des „räumlichen" Bezugssystems; da ds^2 einem mittels Raum-Zeit-Messung mit Maßstäben und Uhren {raumzeitlicher Zählung} bestimmbaren, zu untersuchenden, Zeit-Raum-bezogenen endlos nebeneinander befindlichen Ereignispunkten (analog zum Urknall) zugeordneten, ohne Abhängigkeit hinsichtlich aller beliebig ausgewählten Koordinaten erdachten Größenwert gleicht. Die Konstrukte $g_{\sigma\tau}$ müssen dafür entsprechend ausgewählt werden, so dass $g_{\sigma\tau}$ gleich $g_{\tau\sigma}$ wird; eine Aufsummierung muss alle Größen hinsichtlich von τ sowie σ {oder derjenigen Verknüpfung} beinhalten, damit eine Summierung mithilfe von 4 mal 4 hinzuzufügenden Variablen (Konstrukten) gebildet werden kann, hinsichtlich derer 4 Paare ungleich sein müssen.

Gemäß der von Albert Einstein standardisierten Relativitätstheorie wird eine Überlegung mithilfe des an dieser Stelle Untersuchten (Gravitation) {mittels Anti-Verallgemeinerung} möglich {bedeutungsvoll}, wenn diese {es gestattet}, aufgrund der speziellen Verhaltensweise aller $g_{\sigma\tau}$ innerhalb eines nicht unendlichen Zeit-Raum-Bereichs, erlaubt innerhalb dieses Bereichs ein Koordinatensystem übereinstimmend (koinzident) auszuwählen, damit alle $g_{\sigma\tau}$ den {im Spezialfall} gleichbleibenden Größen (4a) (gedanklich) entsprechen. Albert Einstein zeigte an späterer Stelle, dass eine Auswahl von koinzidenten Koordinatengrößen hinsichtlich nicht unendlicher Bereiche allgemein ausgeschlossen werden muss.

Kolek, Erik (2024). Über die physikalischen Grundlagen der interstellaren Raumfahrt. In: *Chroniken der Wirtschaftsinformatik-Physik (CWIP)*. Band 2, Auflagen-Nr. 1.0. ISBN: 9783758387944.

$$
\text{(4a)} \quad \begin{vmatrix} -1 & 0 & 0 & 0 \\ 0 & -1 & 0 & 0 \\ 0 & 0 & -1 & 0 \\ 0 & 0 & 0 & +1 \end{vmatrix} \quad \text{(Einstein, 1916, S. 778).}
$$

$$
\text{(4b Paralleluniversum)} \quad \begin{vmatrix} +1 & 0 & 0 & 0 \\ 0 & +1 & 0 & 0 \\ 0 & 0 & +1 & 0 \\ 0 & 0 & 0 & -1 \end{vmatrix} \quad \text{(Einstein, 1916, S. 778).}
$$

Auf Basis der Untersuchungen enthalten in den Abschnitten 2 sowie 3 wird somit gelernt, dass die Funktionen $g_{\sigma\tau}$ gemäß ihrer Physik betrachtet analog sind zu Eigenschaften, die das Schwerefeld (mehrdimensionales Feld bestehend aus Gravitation) hinsichtlich des ausgewählten Koordinatensystems vorgeben. Albert Einstein wollte als ein Beispiel zuerst annehmen, dass bei koinzidenter (und nur deswegen geeigneter) Auswahl von (vier) Koordinaten seine spezielle Relativitätstheorie gilt und daher eine Anwendung (Praxis) auf einen {Teilbereich} beliebigen zu untersuchenden Bereich mit vier Dimensionen möglich ist. Die Eigenschaften (Konstrukte) $g_{\sigma\tau}$ erhalten dadurch die in dem Vektor (4a) angenommenen Zahlen. Jeder frei fliegende Massepunkt wird demnach hinsichtlich dieses Vektorsystems linear homogen beschleunigt (also mit einer geradlinigen gleichförmigen Geschwindigkeit v). Wird jetzt allgemein eine willkürliche Veränderung abgeschlossen, die zu den erneuerten (veränderten) Raum-Zeitkoordinatenwerten x_1 bis x_4 führt, dann stellen in diesem veränderten (erneuerten) Raum-Zeitsystem die Funktionen $g_{\sigma\tau}$ keine Unveränderlichen {Raum-Zeiteigenschaften} wie vorher dar, stattdessen sind es (veränderliche) Raum-Zeiteigenschaften. Deswegen muss sich jede Richtungsbewegung eines getrennt vorhandenen (einzelnen, nicht gebundenen, freien) Materieteilchens (Materiepunkts, Massenquants) gleichzeitig innerhalb der veränderten (erneuerten) Koordinatenwerte

Kolek, Erik (2024). Über die physikalischen Grundlagen der interstellaren Raumfahrt. In: *Chroniken der Wirtschaftsinformatik-Physik (CWIP)*. Band 2, Auflagen-Nr. 1.0. ISBN: 9783758387944.

analog zu einer nicht linearen (gebogenen, krummen), heterogenen (ungleichförmigen) Fortbewegung (Fortpflanzung) zu beobachten (sehen) sein. Allerdings hinsichtlich der fliegenden Punktmasse bzw. seiner Natur existiert dieses Mechanikgesetz, (also die allgemeine Relativitätstheorie von Albert Einstein und meine Gegentheorie dazu), ohne eine Abhängigkeit. Albert Einstein verstand diese Richtungsbewegung analog zu einer Bewegung, die aufgrund der Beeinflussung durch ein Schwerefeld (Gravitationsfeld) entsteht. Albert Einstein verstand das ein Vorhandensein von einem Schwerefeld verbunden ist mit einer Raum-Zeit-Substitution (Raum-Zeit-Veränderung) der Raum-Zeit-Eigenschaften $g_{\sigma\tau}$. Ebenfalls in dieser allgemeinen Betrachtung musste Albert Einstein diese Ableitung (Abhandlung, Meinung, Denkweise) beibehalten, dass er innerhalb eines nicht unendlichen Bereichs bei übereinstimmender (koinzidenter) Auswahl der Koordinaten eine Bedeutsamkeit (Relevanz) seiner speziellen Relativitätstheorie nicht herzustellen in der Lage war. Diese dann dazu führte, dass das Schwerefeld durch die Raum-Zeit-Eigenschaften $g_{\sigma\tau}$ charakterisierbar ist.

Nach der allgemeinen Relativitätstheorie von Albert Einstein nimmt die Gravitation (Schwere) eine spezielle Aufgabe wahr (bzw. ist verschieden) im Hinblick auf alle anderen Wechselwirkungen, vor allem gegenüber allen Wechselwirkungen wegen des Elektromagnetismus, weil die 10 Eigenschaften $g_{\sigma\tau}$ die das Schwerefeld bestimmen gleichzeitig den (nach der Physik) messbaren Raum mit vier Dimensionen anhand seiner metrischen (Raum-Zeit-)Eigenschaften vorgeben. Das ist bei meiner anti-allgemeinen Relativitätstheorie genauso zu verstehen, denn beispielweise ist demnach also ein Meter auf der Erde ungleich einem Meter auf dem Mond. Auch existieren bei Albert Einstein und mir 10 aber nicht 11 Dimensionen $g_{\sigma\tau}$, weil zwei Linienelementsysteme (2×3 Raumkoordinaten) gleichzeitig (2×1 Zeitkoordinate) betrachtet werden. Eine Verbindung erfolgt hier wie in der speziellen Relativitätstheorie über eine dreidimensionale Raum-Zeit-Transformation (Raum-Zeit-Substitution) (1×3 Raumkoordinaten); demnach entsprechen Theorien gemäß

Kolek, Erik (2024). Über die physikalischen Grundlagen der interstellaren Raumfahrt. In: *Chroniken der Wirtschaftsinformatik-Physik (CWIP)*. Band 2, Auflagen-Nr. 1.0. ISBN: 9783758387944.

allgemeiner Relativität mit mehr als 10 Dimensionen $g_{\sigma\tau}$ einer Falschheit (bzw. einem Trugschluss).

B. Grundlagengedanken hinsichtlich der Mathematik zur Ableitung von allgemein kovarianten Gleichungen

Jetzt da Albert Einstein im Teil A lernte, dass der allgemeine Relativitätsgrundsatz auf eine Bedingung hinweist, dass in der Physik alle {verallgemeinerten} Bezugssysteme (Koordinatensysteme, systematisierte {Ausdrücke}) (nur) kovariant gestaltet sein dürfen gegenüber willkürlichen (allen) Veränderungen (Transformationen, Substitutionen) der Koordinatengrößen x_1 bis x_4, musste Albert Einstein darüber nachdenken, nach welcher Methode solche allgemein kovarianten Gleichungssysteme abzuleiten sind. Diese völlig mathematische Methode lernte Albert Einstein nun; wodurch er lernte, dass die angenommene (im größten Anteil Nicht-Variante, also eine kaum veränderliche Konstante, also eine) Invariante ds eine wichtige Aufgabe hat während der Methodenanwendung (Lösungsmethode) hinsichtlich des Gleichungssystems (3), das sich Albert Einstein gemäß der Gaussschen Oberflächentheorie analog zu einem „Linienelementsystem" (bzw. Koordinatensystem gedanklich) vorstellte.

{§ 5. Eine linienartige Geodäte (Bewegungsgleichung für Koordinatensysteme.}

Der hier zugrundeliegende Gedanke als ein Grundlagengedanke gleicht dem Folgenden nach Albert Einsteins allgemeiner Theorie hinsichtlich der Kovarianten. Ein bestimmtes Konstrukt (Gegenstand, Ding) sei jeweils gedacht als ein „Tensor" („Modell") hinsichtlich aller Bezugssysteme (Linienelementsysteme) als eine Menge von Raumeigenschaften, die jeweils als eine „Komponente" (bzw. ein „Bestandteil") von einem Tensor (Modell) bezeichnet sind. Dazu bestehen bestimmte Richtlinien, gemäß derer die Tensorkomponenten für ein verändertes (erneuertes) Linienelementsystem kalkulierbar sind, falls diese hinsichtlich dem vorherigen

Kolek, Erik (2024). Über die physikalischen Grundlagen der interstellaren Raumfahrt. In: *Chroniken der Wirtschaftsinformatik-Physik (CWIP)*. Band 2, Auflagen-Nr. 1.0. ISBN: 9783758387944.

Linienelement gegeben existieren, sowie falls die Substitution (Transformation), welche die zwei Liniensysteme verbindet, (auch) als gegeben existiert. Jedes darauf {für den Spezialfall} als Tensor (Modell) benanntes Konstrukt (also jeder Gegenstand im Modell) muss zusätzlich hierdurch beschrieben {gestaltet} sein, dass die Transformationssysteme (Gleichungssysteme) in Bezug auf ihre Bestandteile (Tensorkomponenten, Modellkomponenten) geradlinig sowie gleichförmig existieren. Schlussfolgernd müssen sich alle Bestandteile im veränderten (erneuerten) Liniensystem auflösen, sofern diese im vorherigen Elementsystem (Dimensionssystem) sich (auch) vollständig auflösen. Erfolgt mithilfe des Nullgleichsetzen {Auflösens} jedes Bestandteils (bzw. jeder Komponente) eines Modells (bzw. Tensors) die Formulierung eines Naturgesetzes, dann wird dieses ein allgemein kovariantes Naturgesetz; dadurch dass Albert Einstein die Gestaltungsgesetze (Modellierungskonventionen, Designwissenschaft) der Modelle (Tensoren) analysierte, verstand er (nun) die Grundlagen hinsichtlich der Ableitung allgemein kovarianter Gleichungen.

§ 5. Der kontravariante sowie kovariante Vierervektor.

Der kontravariante Vierermodellvektor. Das Linienelementsystem (Linienkonstruktmodell) {mit vier Dimensionen} existiert gedacht mittels der vier {„Projektionsteile"} „Bestandteile" dx_v, dessen Transformationsmethode mittels dem Gleichungssystem (5) ausformuliert ist.

(5) $dx_\sigma{}' = \sum_v[(\Omega x_\sigma{}'/\Omega x_v) \times dx_v]$ (Einstein, 1916, S. 780)

Alle Funktionen $dx_\sigma{}'$ sind geradlinig sowie gleichförmig bestimmt mittels den dx_v; Albert Einstein nannte solche unendlich kleinen Größen (Differentiale) der Koordinaten dx_v deswegen (auch) Bestandteile (Komponenten) eines „Modells" (Tensors), welches er im speziellen Sinn *kontravarianten Vierervektor* nannte. Alle Modellkonstrukte (Modellgegenstände, Modelldinge, Modellinhalte), die hinsichtlich des Bezugssystems (Liniensystems) mittels der vier Werte A^v gedacht existieren,

Kolek, Erik (2024). Über die physikalischen Grundlagen der interstellaren Raumfahrt. In: *Chroniken der Wirtschaftsinformatik-Physik (CWIP)*. Band 2, Auflagen-Nr. 1.0. ISBN: 9783758387944.

welche nach der gleichen Transformationsmethode (Gleichungsmethode) bestimmt sind, nannte Albert Einstein auch (in demselben speziellen Sinn) *kontravarianten Vierervektor*.

(5a) $A^{\sigma} = \sum_v[(\Omega x_\sigma{'}/\Omega x_v) \times A^v]$ (Einstein, 1916, S. 780)

Aus der Transformationsmethode (5a) entsteht gleichzeitig die Folge, so dass die (Lösungen) Summierungen $[A^\sigma \pm B^\sigma]$ auch den Bestandteilen von einem Vierervektor gleichen, falls A^σ sowie B^σ Komponenten darstellen. Gleiches stimmt hinsichtlich jedem anschließend als „Modell" (Tensor) eingearbeiteten System, (das ist die Additionssubtraktionsmethode hinsichtlich von Modellen (Tensoren)).

Der kovariante Vierermodellvektor. Die vier Werte A_v gleichen den Bestandteilen von einem kovarianten Vierervektor, falls hinsichtlich jeder willkürlichen Auswahl eines kontravarianten Vierermodellvektors B^v gilt (, hier steht die Annotation v oben zur Kennzeichnung der Klasse des Vierervektors).

(6) $\sum_v(A_v B^v) = Skalar\ (ds)$ (Einstein, 1916, S. 781).

Mithilfe der Gleichung (6) kann als eine Folge {direkt} die Transformationsmethode hinsichtlich eines kovarianten Vierermodellvektors bestimmt werden. Dazu wird allgemein beispielsweise in dem Gleichungssystem

$\sum_\sigma(A_\sigma{'}B^\sigma{'}) = \sum_v(A_v B^v)$ (Einstein, 1916, S. 781)

B^v in dem rechten Term ersetzt durch die untere Formulierung, die mithilfe des Gegenteils des Gleichungssystems (5a) entsteht,

$\sum_\sigma[(\Omega x_v/\Omega x_\sigma{'}) \times B^\sigma{'}]$ (Einstein, 1916, S. 781)

dann resultiert allgemein

$\sum_\sigma(B^\sigma{'})\sum_v[(\Omega x_v/\Omega x_\sigma{'}) \times A_v] = \sum_\sigma(B^\sigma{'}A_\sigma{'})$ (Einstein, 1916, S. 781)

Kolek, Erik (2024). Über die physikalischen Grundlagen der interstellaren Raumfahrt. In: *Chroniken der Wirtschaftsinformatik-Physik (CWIP)*. Band 2, Auflagen-Nr. 1.0. ISBN: 9783758387944.

Daraus erhält man eine weitere Folge, da innerhalb diesem Gleichungssystem jeweils ein B^σ' nicht gegenseitig abhängig also einzeln bestimmbar (und somit zu kürzen) ist, die Transformationsmethode

(7) $A_\sigma{}' = \sum[(\Omega x_\nu / \Omega x_\sigma{}') \times A_\nu]$ (Einstein, 1916, S. 781)

Randnotiz für die Erleichterung der Schreibmethode von Gleichungen.

Betrachtet man die Gleichungssysteme in diesem Abschnitt dann lernt man, dass die Angaben (Indizes), welche mehr als einmal an ein Summierungszeichen annotiert sind [beispielsweise die Angabe ν innerhalb (5)], immer aufzusummieren sind, sowie aber lediglich mithilfe von zweimal dastehenden Angaben. Demzufolge ist es nicht ausgeschlossen, ohne ein Verständnis zu beeinflussen, alle Summensymbole zu streichen. Hierfür nutzte Albert Einstein folgende Regelung: Kommt eine Angabe innerhalb eines Terms einer Gleichung doppelt vor, dann muss hinsichtlich diesem Index immer addiert werden, falls kein Gegensatz in der Gleichung vorkommt.

Die Transformationsmethode [(5) oder (7)] begründet die Ungleichheit (Verschiedenheit) hinsichtlich dem kontravarianten sowie kovarianten Vierervektor. Diese zwei Methoden gleichen Modellen (Tensoren) gemäß der vorherigen allgemeinen Randnotiz; das ist ihr Sinn. Aufbauend auf Ricci sowie Levi-Civita muss der kovariante Vierervektor mittels einer unteren Angabe gekennzeichnet werden, der kontravariante Vierervektor mittels einem oberen Index.

§ 6. Tensoren mit zwei sowie größeren Rängen.

Der kontravariante Modelltensor. Ermittelte Albert Einstein alle 16 Multiplikationsergebnisse (Produkte) $A^{\mu\nu}$ der Bestandteile A^μ sowie B^ν von zwei kontravarianten Vierervektoren

(8) $A^{\mu\nu} = A^\mu B^\nu$ (Einstein, 1916, S. 782),

dann entspricht $A^{\mu\nu}$ nach (5a) sowie (8) der Transformationsmethode

Kolek, Erik (2024). Über die physikalischen Grundlagen der interstellaren Raumfahrt. In: *Chroniken der Wirtschaftsinformatik-Physik (CWIP)*. Band 2, Auflagen-Nr. 1.0. ISBN: 9783758387944.

(9) $A^{\sigma\tau\,\prime} = (\Omega x_\sigma{}^\prime/\Omega x_\mu) \times (\Omega x_\tau{}^\prime/\Omega x_\nu) \times A^{\mu\nu}$ (Einstein, 1916, S. 782).

Albert Einstein bezeichnete {16 Werte als} ein Konstrukt, welches hinsichtlich allen Koordinatensystemen mittels 16 Werten (Eigenschaften) charakterisiert ist, welche die Transformationsmethode (9) einhalten, einen kontravarianten Modelltensor mit Rang 2. Keineswegs jedes solches Modell kann nach (8) mithilfe von zwei Vierervektoren gestaltet {abgebildet} werden. Jedoch erscheint es {dennoch} einfach zu verstehen sein, dass die 16 willkürlich bestimmte $A^{\mu\nu}$ modelliert werden können gleich der Summierung von $A^\mu B^\nu$ gegeben durch vier übereinstimmend (koinzident) ausgewählten Vierervektorpaaren. Daher ist allgemein fast jeder der Ausdrücke, welche hinsichtlich des erdachten Modelltensors mit Rang 2 gültig sind, am leichtesten hierdurch aufzuzeigen, dass diese allgemein hinsichtlich spezieller Modelltensoren von der Art (8) bewiesen werden.

Der kontravariante Modelltensor mit willkürlichem Rang. Leicht zu verstehen ist es, dass allgemein gemäß (8) sowie (9) ebenfalls kontravariante Modelltensoren mit einem Rang 3 und darüber denkbar sind mittels 4 hoch 3 etc. Bestandteilen. Ebenfalls so zu verstehen mithilfe von (8) sowie (9) ist, dass allgemein gemäß desselben Sinns der kontravariante Vierervektor analog zu einem kontravarianten Modelltensor mit Rang 1 zu verstehen ist.

Der kovariante Modelltensor. Werden allgemein gegensätzlich die 16 Multiplikationsergebnisse (Produkte) $A_{\mu\nu}$ der Bestandteile von zwei *kovarianten* Vierermodellvektoren A_μ sowie B_ν ermittelt

(10) $A_{\mu\nu} = A_\mu B_\nu$ (Einstein, 1916, S. 782),

dann ist hinsichtlich diesen kovarianten Vierervektoren die Transformationsmethode gültig

(11) $A_{\sigma\tau}{}^\prime = (\Omega x_\mu/\Omega x_\sigma{}^\prime) \times (\Omega x_\nu/\Omega x_\tau{}^\prime) \times A_{\mu\nu}$ (Einstein, 1916, S. 782).

Kolek, Erik (2024). Über die physikalischen Grundlagen der interstellaren Raumfahrt. In: *Chroniken der Wirtschaftsinformatik-Physik (CWIP)*. Band 2, Auflagen-Nr. 1.0. ISBN: 9783758387944.

Mithilfe von dieser Transformationsmethode erdenkt man den kovarianten Modelltensor mit Rang 2. Alle Gedanken hinsichtlich des kontravarianten Modelltensors sind auch für den kovarianten Modelltensor gültig.

Randnotiz. Eine Unterstützung für das Verständnis ist es, die Invariante (bzw. auch Skalar genannt) gleichzusetzen mit einem kontravarianten Modelltensor mit Rang 0 oder kovarianten Modelltensor mit Rang 0.

Der vermischte Modelltensor. Ebenfalls ist es (allgemein) möglich einen Modelltensor mit Rang 2 von der Art

(12) $A_\mu{}^\nu = A_\mu B^\nu$ (Einstein, 1916, S. 783),

zu erdenken, welcher hinsichtlich der Angabe μ kovariant, hinsichtlich der Angabe ν kontravariant existiert. Die Transformationsmethode lautet

(13) $A_\sigma{}^{\tau\,'} = (\Omega x_\tau{}'/\Omega x_\beta) \times (\Omega x_\alpha/\Omega x_\sigma{}') \times A_\alpha{}^\beta$ (Einstein, 1916, S. 783).

Sicher existieren vermischte Modelltensoren mit kontravarianten sowie kovarianten Ausdruck jeweils mit unendlicher Anzahl von Angaben (Indizes). (Vermischte) kovariante als auch (vermischte) kontravariante Modelltensoren (beide jeweils mit unterschiedlicher Anzahl von Indizes vermischt) sind gleich den (zwei) Spezialfällen des vermischten Modelltensors zu betrachten.

Die symmetrischen Modelltensoren. Der kovariante oder kontravariante Modelltensor mit Rang 2 bzw. größer ist *nicht anti-symmetrisch*, falls zwei Bestandteile, welche mittels Verschiebung von zwei beliebigen Angaben (Indizes) voneinander getrennt entstehen, übereinstimmen. Ein Modelltensor $A^{\mu\nu}$ oder $A_{\mu\nu}$ wird demnach *symmetrisch*, falls hinsichtlich jeder (denkbaren) Verknüpfung von Angaben (Indizes)

(14) $A^{\mu\nu} = A^{\nu\mu}$ (Einstein, 1916, S. 783),

oder

(14a) $A_{\mu\nu} = A_{\nu\mu}$ (Einstein, 1916, S. 783)

Kolek, Erik (2024). Über die physikalischen Grundlagen der interstellaren Raumfahrt. In: *Chroniken der Wirtschaftsinformatik-Physik (CWIP)*. Band 2, Auflagen-Nr. 1.0. ISBN: 9783758387944.

entspricht.

Da die entsprechend erdachte Modelltensorsymmetrie eine Eigenschaft {Funktion} darstellt, die vom Koordinatensystem nicht abhängt, ist dies (abzuleiten bzw.) zu bestätigen. Mithilfe von (9) erhält man als Folge wirklich unter Berücksichtigung von (14)

$$A^{\sigma\tau\,'} = (\Omega x_\sigma\,'/\Omega x_\mu) \times (\Omega x_\tau\,'/\Omega x_\nu) \times A^{\mu\nu} = (\Omega x_\sigma\,'/\Omega x_\mu) \times (\Omega x_\tau\,'/\Omega x_\nu) \times A^{\nu\mu} = (\Omega x_\tau\,'/\Omega x_\mu) \times (\Omega x_\sigma\,'/\Omega x_\nu) \times A^{\mu\nu} = A^{\tau\sigma\,'}$$ (Einstein, 1916, S. 783).

Nach dem ersten und dritten Gleichheitszeichen ist dessen Nutzung begründet mit einer Verschiebung der Summationsangaben σ und τ (bzw. μ sowie ν) (das bedeutet aufgrund reiner Veränderung der Annotationsart (Kommentarschreibweise)).

Die anti-symmetrischen Modelltensoren. Der kovariante oder kontravariante Modelltensor mit Rang 2, 3 oder 4 ist *anti-symmetrisch*, falls zwei Bestandteile, welche mittels Verschiebung von zwei beliebigen Angaben (Indizes) voneinander getrennt entstehen, *gegenüberstehend übereinstimmen*. Ein Modelltensor $A^{\mu\nu}$ oder $A_{\mu\nu}$ wird demnach *anti-symmetrisch*, falls immer

(15) $A^{\mu\nu} = - A^{\nu\mu}$ (Einstein, 1916, S. 784),

oder

(15a) $A_{\mu\nu} = - A_{\nu\mu}$ (Einstein, 1916, S. 784)

entspricht.

Es verbleiben von 16 Bestandteilen $A^{\mu\nu}$ die zwölf Bestandteile $A^{\nu\nu}$ (und die vier Bestandteile $A^{\mu\mu}$ fallen weg); $A^{\nu\nu}$ stimmen als Paare gegenüberstehend überein, so dass (von den 12) lediglich 6 metrisch unterschiedliche Bestandteile existieren (Sechsermodellvektor). Genauso ist allgemein zu verstehen [analog zu (15)], dass ein *anti-symmetrischer* Modelltensor $A^{\mu\nu\sigma}$ (mit Rang 3) lediglich vier metrisch unterschiedliche Bestandteile besitzt (Vierermodellvektor), (dagegen hat) ein *anti-*

Kolek, Erik (2024). Über die physikalischen Grundlagen der interstellaren Raumfahrt. In: *Chroniken der Wirtschaftsinformatik-Physik (CWIP)*. Band 2, Auflagen-Nr. 1.0. ISBN: 9783758387944.

symmetrischer Modelltensor $A^{\mu\nu\sigma\tau}$ lediglich einen Bestandteil. *Nicht anti-symmetrische* Modelltensoren existieren nur bis Rang 4 innerhalb eines vierdimensionalen Universums.

§ 7. Multiplikationsrechnung mit Modelltensoren.

Außenliegende Multiplikationsrechnung mit Modelltensoren. Allgemein werden anhand der Bestandteile eines Modelltensors mit dem Rang z sowie eines zweiten Modelltensors mit dem Rang z' die Bestandteile des Modelltensors mit dem Rang z + z' ermittelt, dadurch dass allgemein jeder Bestandteil vom ersten Tensor mit jedem Bestandteil vom zweiten Tensor pro Paar vervielfacht (multipliziert) wird. Entsprechend resultieren zum Beispiel die Modelltensoren T aufgrund der voneinander unterschiedlichen Modelltensoren A sowie B

$T_{\mu\nu\sigma} = A_{\mu\nu}B_{\sigma}$ (Einstein, 1916, S. 784),

$T^{\alpha\beta\gamma\delta} = A^{\alpha\beta}B^{\gamma\delta}$ (Einstein, 1916, S. 784),

$T_{\alpha\beta}{}^{\gamma\delta} = A_{\alpha\beta}B^{\gamma\delta}$ (Einstein, 1916, S. 784).

Ein Nachweis hinsichtlich der Koinzidenz (Übereinstimmung) aller T mit Modelltensoren lässt sich direkt ermitteln anhand der Gleichungssysteme (8), (10) und (12) alternativ anhand der Transformationsmethoden (9), (11) und (13). Die Darstellungssysteme (8), (10) und (12) entsprechen auch Beispielen von außenliegender Multiplikationsrechnung (mit Modelltensoren vom Rang 1).

{*Innenliegende Multiplikationsrechnung mit Modelltensoren.* Albert Einstein bezeichnete die Gleichung (6) als das innenliegende Multiplikationsergebnis eines kovarianten Vierermodellvektors A_{μ} sowie eines kontravarianten Vierermodellvektors A^{ν}. Äquivalent dazu darf mittels innenliegender Multiplikationsrechnung …}

„Verkleinerung" von vermischten Modelltensoren. Mithilfe von vermischten Modelltensoren sind Tensoren mit Rängen von n − 2 gestaltbar, dadurch dass

Kolek, Erik (2024). Über die physikalischen Grundlagen der interstellaren Raumfahrt. In: *Chroniken der Wirtschaftsinformatik-Physik (CWIP)*. Band 2, Auflagen-Nr. 1.0. ISBN: 9783758387944.

allgemein ein Tensor mit einem kovarianten angegebenen Index und ein Tensor mit einem kontravarianten angegebenen Index gleichgesetzt sowie nach diesen Indizes aufsummiert (bzw. verjüngt) wird. Allgemein wird so beispielsweise mithilfe eines vermischten Modelltensors mit dem Rang 4 ($A^{\gamma\delta}{}_{\alpha\beta}$) ein vermischter Modelltensor mit dem Rang 2 gebildet

$$A^{\delta}{}_{\beta} = A^{\alpha\delta}{}_{\alpha\beta} \ (\ = \textstyle\sum_\alpha A^{\alpha\delta}{}_{\alpha\beta}) \ \text{(Einstein, 1916, S. 785)}$$

sowie auf dessen Grundlage, nochmals mittels Verkleinerung, einen Modelltensor mit dem Rang 0

$$A = A^{\beta}{}_{\beta} = A^{\alpha\beta}{}_{\alpha\beta} \ \text{(Einstein, 1916, S. 785)}.$$

Als Evaluation hinsichtlich dieses Resultats, das mithilfe der Verkleinerung gewonnen wurde, also ob der Tensor auch wirklich ein Tensor darstellt, demnach einen Modelltensorcharakter aufweist, lässt sich überprüfen anhand der Tensorgleichung entsprechend der Generalisierung in (12), verknüpft hinsichtlich (6) bzw. mithilfe der Generalisierung in (13).

Innenliegende und vermischte Multiplikationsrechnung mit Modelltensoren. Beide basieren auf der Verbindung der außenliegenden Multiplikationsrechnung und der Verkleinerung.

Zum Beispiel: – Albert Einstein formte mithilfe des kovarianten Modelltensors mit dem Rang 2 $A_{\mu\nu}$ sowie einem kontravarianten Modelltensor mit dem Rang B^{σ} mittels außenliegenden Multiplikationsrechnung einen vermischten Modelltensor

$$D_{\mu\nu}{}^{\sigma} = A_{\mu\nu}B^{\sigma}. \ \text{(Einstein, 1916, S. 785)}.$$

Mittels Verkleinerung gemäß den Angaben σ und ν resultiert ein kovarianter Vierermodellvektor

$$D_{\mu} = D_{\mu\nu}{}^{\nu} = A_{\mu\nu}B^{\nu} \ \text{(Einstein, 1916, S. 785)}.$$

Kolek, Erik (2024). Über die physikalischen Grundlagen der interstellaren Raumfahrt. In: *Chroniken der Wirtschaftsinformatik-Physik (CWIP)*. Band 2, Auflagen-Nr. 1.0. ISBN: 9783758387944.

Den resultierenden Vierervektor nannte Albert Einstein innenliegendes Tensorprodukt von $A_{\mu\nu}$ und B^σ. Genauso wird allgemein mithilfe der Modelltensoren $A_{\mu\nu}$ sowie $B^{\sigma\tau}$ mittels außenliegender Multiplikationsrechnung sowie doppelter Verkleinerung das innenliegende Tensorprodukt $A_{\mu\nu}B^{\mu\nu}$ geformt. Mittels außenliegender Produktrechnung sowie einer Verkleinerung wird allgemein mithilfe von $A_{\mu\nu}$ sowie $B^{\sigma\tau}$ der vermischte Modelltensor mit Rang 2 ermittelt $D^\tau_\mu = A_{\mu\nu}B^{\nu\tau}$. Allgemein wird dieses Kalkulationsverfahren übereinstimmend als vermischte Prozedur bezeichnet; da sich diese auf eine außenliegende hinsichtlich der Angaben τ sowie μ sowie auf eine innenliegende hinsichtlich der Angaben σ sowie ν bezieht.

Albert Einstein bewies jetzt ein Axiom, das für den Beweis der Modelltensorkoinzidenz meistens nutzbar erscheint. Gemäß der vorherigen Beschreibung entspricht $A_{\mu\nu}B^{\mu\nu}$ einer Invariante (Skalar), falls $A_{\mu\nu}$ sowie $B^{\sigma\tau}$ (auch) Modelltensoren darstellen. Albert Einstein nahm jedoch ebenfalls nachkommendes an. Falls $A_{\mu\nu}B^{\mu\nu}$ hinsichtlich jeder beliebigen Auswahl *des Modelltensors* $B^{\mu\nu}$ ein Skalar darstellt, dann besitzt $A_{\mu\nu}$ Modelltensorkoinzidenz.

Evaluation: – Allgemein gilt nach der Bedingung hinsichtlich einer willkürlichen Veränderung (Substitution)

$A_{\sigma\tau}'B^{\sigma\tau'} = A_{\mu\nu}B^{\mu\nu}$ (Einstein, 1916, S. 785).

Gemäß dem Gegenstück zu (9) entspricht jedoch

$B^{\mu\nu} = (\Omega x_\mu/\Omega x_\sigma') \times (\Omega x_\nu/\Omega x_\tau') \times B^{\sigma\tau'}$ (Einstein, 1916, S. 786).

Das, übernommen in das vorherige Gleichungssystem, ergibt:

$[A_{\sigma\tau}' - (\Omega x_\mu/\Omega x_\sigma') \times (\Omega x_\nu/\Omega x_\tau') \times A_{\mu\nu}]B^{\sigma\tau'} = 0$ (Einstein, 1916, S. 786).

Diese Gleichung ist durch die willkürliche Auswahl hinsichtlich $B^{\sigma\tau'}$ lediglich in dem Fall wahr (bzw. richtig), falls die eckige Klammer aufgelöst wird, wodurch unter Berücksichtigung von (11) eine Hypothese als eine Folge entsteht.

Kolek, Erik (2024). Über die physikalischen Grundlagen der interstellaren Raumfahrt. In: *Chroniken der Wirtschaftsinformatik-Physik (CWIP)*. Band 2, Auflagen-Nr. 1.0. ISBN: 9783758387944.

Diese Hypothese ist gültig als Axiom übereinstimmend hinsichtlich von Modelltensoren mit willkürlichen Rang sowie beliebiger Koinzidenz; eine Evaluation muss immer gleich durchgeführt werden.

Das Axiom kann auch dadurch bewiesen werden und zwar nach der Gleichung: Entsprechen B^μ sowie C^ν willkürlich ausgewählten Vektoren (unabhängig von der Vektorgröße, also zum Beispiel egal ob es Vierervektoren oder Sechservektoren sind), dann entspricht hinsichtlich der beliebigen Auswahl des gleichen Vektors das innenliegende Produktergebnis

$A_{\mu\nu}B^\mu C^\nu$ (Einstein, 1916, S. 786)

einer Invariante, somit gleicht $A_{\mu\nu}$ einem kovarianten Modelltensor. Der vorherige Ausdruck ist ebenfalls in dem Fall weiterhin gültig, falls {lediglich klar erscheint} lediglich eine *nicht-allgemeinere* Feststellung wahr ist, dass mittels willkürlicher Auswahl eines Vierermodellvektors B^μ die skalare Produktrechnung

$A_{\mu\nu}B^\mu B^\nu$ (Einstein, 1916, S. 786)

eine Invariante ergibt, wenn allgemein bekannt ist, ob $A_{\mu\nu}$ der Symmetrievoraussetzung $A_{\mu\nu} = A_{\nu\mu}$ gleicht. Da mit der vorherig beschriebenen Methode allgemein die Modelltensorkoinzidenz hinsichtlich $A_{\mu\nu} + A_{\nu\mu}$ evaluiert wird, wodurch anschließend aufgrund der Symmetriefunktion die Modelltensor-übereinstimmung hinsichtlich $A_{\mu\nu}$ eine eigene Folge darstellt. Ebenfalls letzterer Ausdruck kann einfach verallgemeinert werden aufgrund der Annahme kovarianter sowie kontravarianter Modelltensoren unabhängig von deren Rang.

{Genauso ist ein Axiom gültig: Falls $A_{\mu\nu}B^\nu$ durch die willkürliche Auswahl eines Vierermodellvektors B^ν einen Modelltensor darstellt, dann erscheint $A_{\mu\nu}$ als Modelltensor. Aufgrund der Forderungen oder eine ausreichende Evaluation ist die Äquivalenz zu der vorherigen Aussage möglich.}

Kolek, Erik (2024). Über die physikalischen Grundlagen der interstellaren Raumfahrt. In: *Chroniken der Wirtschaftsinformatik-Physik (CWIP)*. Band 2, Auflagen-Nr. 1.0. ISBN: 9783758387944.

Schlussfolgernd anhand der Evaluation wird der auch hinsichtlich willkürlicher Modelltensoren nicht zu spezialisierende Ausdruck denkbar: Falls {ein innenliegendes Multiplikationsergebnis} die Werte $A_{\mu\nu}B^{\nu}$ durch die willkürliche Auswahl eines Vierermodellvektors B^{ν} einen Modelltensor mit dem Rang 1 formt, dann gleicht $A_{\mu\nu}$ einem Modelltensor mit dem Rang 2. Gleicht beispielsweise C^{μ} einem willkürlichen Vierermodellvektor, dann gleicht aufgrund der Tensorkoinzidenz $A_{\mu\nu}B^{\nu}$ eine innenliegende Produktoperation $A_{\mu\nu}C^{\mu}B^{\nu}$ durch die willkürliche Auswahl von zwei Vierermodellvektoren C^{μ} sowie B^{ν} einer Invariante, wodurch die nun folgende Theorie denkbar wird.

§ 8. Mehrere Eigenschaften des fundamentalen Modelltensors $g_{\mu\nu}$.

Der fundamentale kovariante Modelltensor. Innerhalb des skalaren Satzes über das Quadrieren eines Linienelementsystems

$$ds^2 = g_{\mu\nu}dx_{\mu}dx_{\nu} \text{ (Einstein, 1916, S. 786)}$$

hat dx_{μ} die Aufgabe von einem willkürlich auswählbaren kontravarianten Modellvektors. Weil zusätzlich $g_{\mu\nu} = g_{\nu\mu}$ gilt, dann entsteht als eine Folge aufgrund der Beschreibungen des vorherigen Abschnitts dadurch, dass $g_{\mu\nu}$ einem kovarianten Modelltensor mit Rang 2 gleicht. Albert Einstein bezeichnete diesen als „Fundamentalmodelltensor". Im Anschluss (darauf) nahm Albert Einstein eine Ableitung von mehreren Funktionen (Eigenschaften) des Fundamentaltensors vor, welche allerdings bei allen Tensoren mit Rang 2 zugehörig auftreten; jedoch die spezielle Aufgabe des Fundamentalmodelltensors in Albert Einsteins Theorie und Erik Koleks Gegentheorie, die beide in ihrer Eigenheit hinsichtlich der Gravitationswechselwirkungen jeweils dieselbe physikalische Begründung aufweisen. Dies hat zur Bedingung, dass die zu erdenkenden Verbindungen lediglich für den Fundamentalmodelltensor für Albert Einstein und Erik Kolek als eine Wahrheit erscheinen (also nur demnach von Wichtigkeit für eine zu bildende Erfahrung sein können).

Kolek, Erik (2024). Über die physikalischen Grundlagen der interstellaren Raumfahrt. In: *Chroniken der Wirtschaftsinformatik-Physik (CWIP)*. Band 2, Auflagen-Nr. 1.0. ISBN: 9783758387944.

Der fundamentale kontravariante Modelltensor. Wird allgemein innerhalb der Determinanten(gedanken)matrix von $g_{\mu\nu}$ hinsichtlich jeder $g_{\nu\mu}$ eine (kleinere) Unterdeterminaten(gedanken)matrix gebildet sowie teilt letztere durch die Bestimmungszahl g gleich $|g_{\mu\nu}|$ von $g_{\mu\nu}$, dann resultieren allgemein bestimmte Werte $g^{\mu\nu}$ *(gleich $g^{\nu\mu}$)*, ausgehend derer Albert Einstein evaluieren wollte, dass diese einem kontravarianten Modelltensor gleichen.

Gemäß einem allgemein akzeptierten Determinanten(gedanken)ausdrucks gilt

(16) $g_{\mu\sigma}g^{\nu\sigma} = \delta_{\mu}{}^{\nu}$ (Einstein, 1916, S. 787),

hierbei gleicht das (gedanklich austauschbare) Symbol $\delta_{\mu}{}^{\nu}$ entweder 0 bzw. 1, abhängig davon ob $\mu\nu$ {μ *ungleich* ν} bzw. μ *gleich* ν entspricht. Anstelle des vorherigen Mathematikgedankens (Satzes) hinsichtlich ds^2 durfte Albert Einstein ebenfalls

$g_{\mu\sigma}\delta_{\nu}{}^{\sigma}dx_{\mu}dx_{\nu}$ (Einstein, 1916, S. 787),

bzw. gemäß (16) ebenfalls

$g_{\mu\sigma}g_{\nu\tau}g^{\sigma\tau}dx_{\mu}dx_{\nu}$ (Einstein, 1916, S. 787)

notieren. Jetzt {bestehen} formen jedoch gemäß der Multiplikationsvorschriften aus dem letzten Abschnitt die Werte

$d\xi_{\sigma} = g_{\mu\sigma}dx_{\mu}$ (Einstein, 1916, S. 787)

{sowie $d\xi_{\tau} = g_{\nu\tau}dx_{\nu}$} (Einstein, Manuskript, S. 28)

einen kovarianten Vierermodellvektor {kovariante Vierermodellvektoren}, sowie allein (aufgrund der beliebigen Auswählbarkeit hinsichtlich aller dx_{μ}) einen willkürlich auswählbaren Vierermodellvektor. Dadurch dass Albert Einstein diesen in seinen Gleichungsgedanken (Satz) hinzufügte, ermittelte er

$ds^2 = g^{\sigma\tau}d\xi_{\sigma}d\xi_{\tau}$ (Einstein, 1916, S. 787).

Kolek, Erik (2024). Über die physikalischen Grundlagen der interstellaren Raumfahrt. In: *Chroniken der Wirtschaftsinformatik-Physik (CWIP)*. Band 2, Auflagen-Nr. 1.0. ISBN: 9783758387944.

Weil dieser Ausdruck aufgrund willkürlicher Auswahl eines Modellvektors $d\xi_\sigma$ eine Invariante (Skalar) darstellt sowie $g^{\sigma\tau}$ gemäß der annotierten (gedanklichen) Festlegung innerhalb der Angaben (Indizes) τ sowie σ *symmetrisch* erscheint, kann gefolgert werden mithilfe der Resultate aus dem letzten Abschnitt, dass $g^{\sigma\tau}$ einem kontravarianten Modelltensor gleicht. Mithilfe von (16) wird (ferner) die Folge denkbar, dass ebenfalls $\delta_\mu^{\ \nu}$ einem Modelltensor gleicht, den Albert Einstein als vermischten Fundamentalmodelltensor zu bezeichnen (gedanklich) in der Lage war.

Bestimmungszahl eines fundamentalen Modelltensors. Gemäß dem Multiplikationsausdrucks der Bestimmungszahlen (Determinanten) gilt

$|g_{\mu\alpha}g^{\alpha\nu}| = |g_{\mu\alpha}| \times |g^{\alpha\nu}|$ (Einstein, 1916, S. 788).

Auf der anderen Seite gilt

$|g_{\mu\alpha}g^{\alpha\nu}| = |\delta_\mu^{\ \nu}| = 1$ (Einstein, 1916, S. 788).

Demnach gilt die Folge

(17) $|g_{\mu\nu}| \times |g^{\mu\nu}| = 1$ (Einstein, 1916, S. 788).

Volumenskalar. Albert Einstein versuchte an erster Stelle die Transformationsmethode hinsichtlich der Determinanten g gleich $|g_{\mu\nu}|$ zu finden (also abzuleiten). Nach (11) gilt

$g' = |(\Omega x_\mu/\Omega x_\sigma') \times (\Omega x_\nu/\Omega x_\tau') \times g_{\mu\nu}|$ (Einstein, 1916, S. 788).

Daraus ergibt sich die Folge mittels doppelter Benutzung des Multiplikationsausdrucks der Bestimmungszahlen

$g' = |(\Omega x_\mu/\Omega x_\sigma')| \times |(\Omega x_\nu/\Omega x_\tau')| \times |g_{\mu\nu}| = |(\Omega x_\mu/\Omega x_\sigma')|^2 g$ (Einstein, 1916, S. 788),

bzw.

$\sqrt{g'} = |(\Omega x_\mu/\Omega x_\sigma')|\sqrt{g}$ (Einstein, 1916, S. 788).

Kolek, Erik (2024). Über die physikalischen Grundlagen der interstellaren Raumfahrt. In: *Chroniken der Wirtschaftsinformatik-Physik (CWIP)*. Band 2, Auflagen-Nr. 1.0. ISBN: 9783758387944.

Auf der anderen Seite gleicht die Methode der Transformation des Volumenelementsystems

$d\tau' = \int dx_i dx_i dx_i dx_i$ {$= d\tau$ (Einstein, Manuskript, S. 28)} wobei i = 1, 2, 3, 4 für vier Dimensionen (Einstein, 1916, S. 788)

gemäß dem allgemein akzeptierten Ausdruck nach Jakobis

$d\tau' = |(\Omega x_\sigma'/\Omega x_\mu)| d\tau$ (Einstein, 1916, S. 788).

Mittels Multiplikationsrechnung der zwei vorherigen Gleichungssysteme wird allgemein

(18) $\sqrt{g'} \times d\tau' = \sqrt{g} \times d\tau$ (Einstein, 1916, S. 788) ermittelt.

Anstelle von $\sqrt{g}$ führte Albert Einstein nachfolgend den Wert $\sqrt{-g}$ ein, der aufgrund der hyperbolischen (nicht-euklidischen) Modelltensorkoinzidenz (analog zu dem) unseres Zeit-Raum-Universums immer eine reelle (wirklich existierende) Größe darstellt. Der Skalar $\sqrt{-g} \times d\tau$ entspricht dem Wert des gemäß seiner „Lage befindlichen Koordinatensystems" das auf (seinen) vier Dimensionen analog zu einem Volumenelementsystem {direkt} abgemessen wird mit (praktisch) starren (gleich beschaffenen) Uhrzeigergeräten sowie (einheitlichen) Teststäben nach der (physikalischen) Bedeutung von Albert Einsteins spezieller Relativitätstheorie.

Randnotiz hinsichtlich der Eigenschaft unseres Raum-Zeit-Universums. Die Bedingung, dass die {gewohnte} spezielle Relativitätstheorie immer (auch) innerhalb des unaufhörlich Geringfügigen gleich bleibt, ermöglicht es, dass ds^2 stets nach (1a) mittels den reellen Werten dX_1, dX_2, dX_3 und dX_4 formulierbar ist. Albert Einstein bezeichnete $d\tau_0$ als ein von der „Natur" allgemein vorgegebenes {„physikalisch abgemessenes"} Volumenelementsystem dX_1 bis dX_4, dann gleicht demnach

(18a) $d\tau_0 = \sqrt{-g} \times d\tau$ (Einstein, 1916, S. 789).

Kolek, Erik (2024). Über die physikalischen Grundlagen der interstellaren Raumfahrt. In: *Chroniken der Wirtschaftsinformatik-Physik (CWIP)*. Band 2, Auflagen-Nr. 1.0. ISBN: 9783758387944.

Wenn in einem Bereich des Universums mit vier Dimensionen $\sqrt{-g}$ entfällt, dann heißt das, dass in dieser Raum-Zeit ein endliches Bezugssystemvolumen einem nicht endlichen geringfügigen Volumenelementsystem gleicht. Das könnte an keinem Ort die physikalische Wirklichkeit darstellen. Denn sonst ist g nicht in der Lage negativ zu werden; Albert Einstein nahm gemäß der speziellen Relativitätstheorie an, dass g immer eine nicht unendliche, nicht positive Größe besitzt. Das stellt eine Theorie dar, die gleichzeitig die untersuchte natürlichen Gegebenheiten des physikalischen Universums sowie eine Definition der Koordinatenpunktauswahl darstellt.

Wenn jedoch $-g$ immer nicht negativ und nicht unendlich ist, dann ist es leicht zu verstehen, dass die Punktauswahl im Vornhinein (a posteriori) dann entsprechend festzulegen ist, so dass dieser Wert mit 1 übereinstimmt. Allgemein soll an späterer Stelle zu verstehen sein, dass mithilfe so einer Eingrenzung der Punktauswahl eine sinnvolle Komplexitätsreduzierung allgemeiner Gesetze der Natur zu erreichen möglich ist. Anstatt (18) entsteht so direkt {relationsweise 18a}

$d\tau' = d\tau$ (Einstein, 1916, S. 789),

hieraus folgt unter Berücksichtigung des Axioms nach Jakobis

(19) $|(\Omega x_\sigma{'}/\Omega x_\mu)| = 1$ (Einstein, 1916, S. 789).

Gemäß unserer Punktauswahl dürfen demnach lediglich Veränderungen (Substitutionen) hinsichtlich der Punktkoordinaten mit der Bestimmungszahl 1 durchführbar sein.

Der Gedanke jedoch wäre falsch, anzunehmen, dass diese Vorgehensweise eine teilweise Ungültigkeit des allgemeinen Relativitätsgrundsatzes mit sich bringt. Albert Einstein wollte nicht wissen: „Wie er die Gesetze der Natur bezeichnen soll, die hinsichtlich jeder Transformation der Bestimmungszahl 1 sich kovariant darstellen?" Stattdessen wollte Albert Einstein wissen: „Wie er die *nicht-speziell* (existierenden) kovarianten Gesetze der Natur bezeichnen soll?" Zuerst leitete Albert Einstein diese

Kolek, Erik (2024). Über die physikalischen Grundlagen der interstellaren Raumfahrt. In: *Chroniken der Wirtschaftsinformatik-Physik (CWIP)*. Band 2, Auflagen-Nr. 1.0. ISBN: 9783758387944.

Naturgesetze ab, um danach diese Formulierung mittels einer speziellen Auswahl des Koordinatensystems in ihrer Komplexität zu verringern.

Gestaltung vorher nicht existenter Modelltensoren mithilfe eines fundamentalen Modelltensors. Mittels der innenliegenden, außenliegenden sowie vermischten Multiplikationsrechnung eines Modelltensors mit einem zugrunde gelegten (fundamentalen) Modelltensor bilden sich Modelltensoren mit abweichenden Eigenschaften sowie Rängen.

Beispielsweise:

$A^\mu = g^{\mu\sigma}A_\sigma$ (Einstein, 1916, S. 790),

$A = g_{\mu\nu}A^{\mu\nu}$ (Einstein, 1916, S. 790).

Speziell wollte Albert Einstein auf die nächsten Gestaltungen hinweisen:

$A^{\mu\nu} = g^{\mu\alpha}g^{\nu\beta}A_{\alpha\beta}$ (Einstein, 1916, S. 790),

$A_{\mu\nu} = g_{\mu\alpha}g_{\nu\beta}A^{\alpha\beta}$ (Einstein, 1916, S. 790)

(„Vervollständigung" eines kontravarianten relationsweise kovarianten Modelltensors) sowie

$B_{\mu\nu} = g_{\mu\nu}g^{\alpha\beta}A_{\alpha\beta}$ (Einstein, 1916, S. 790).

Albert Einstein bezeichnete $B_{\mu\nu}$ als einen hinsichtlich $A_{\mu\nu}$ zugeordneten komplexitätsreduzierten Modelltensor. Genauso ist

$B^{\mu\nu} = g^{\mu\nu}g_{\alpha\beta}A^{\alpha\beta}$ (Einstein, 1916, S. 790).

Zu verstehen ist, dass $g^{\mu\nu}$ einer Vervollständigung der $g_{\mu\nu}$ gleicht. Da allgemein gilt

$g^{\mu\alpha}g^{\nu\beta}g_{\alpha\beta} = g^{\mu\alpha}\delta_\alpha{}^\nu = g^{\mu\nu}$ (Einstein, 1916, S. 790).

Relationsweise gilt demnach zur Vervollständigung

Kolek, Erik (2024). Über die physikalischen Grundlagen der interstellaren Raumfahrt. In: *Chroniken der Wirtschaftsinformatik-Physik (CWIP)*. Band 2, Auflagen-Nr. 1.0. ISBN: 9783758387944.

$g_{\mu\alpha}g_{\nu\beta}g^{\alpha\beta} = g_{\mu\alpha}\delta^{\alpha}{}_{\nu} = g_{\mu\nu}$ (Einstein, 1916, S. 790).

§ 9. Gleichungssystem für die geodätische Gerade (relationsweise einer Koordinatenbewegung).

Weil ein „Bezugselement" *ds* einen {ganz natürlichen} nicht von einem Bezugssystem abhängigen erdachten Raum darstellt, besitzt ebenfalls eine {darf allgemein hinsichtlich dieser} zwischen den beiden Punktnachbarn P_1 sowie P_2 des Universums mit vier Dimensionen gedachte{n} Gerade {gefragt werden}, hinsichtlich derer $\int ds$ einen Extremwert darstellt (geodätische Gerade), einen hinsichtlich einer Koordinatenauswahl nicht abhängigen Sinn. Das Gleichungssystem beider Punkte lautet

(20) $\delta\{_{P1}\int^{P2}(ds)\} = 0$ (Einstein, 1916, S. 790).

Mithilfe dieses Gleichungssystems werden allgemein nach vertrauter Art mittels Durchführung der Variation vier absolute Differentialgleichungssysteme aufgefunden, die unsere geodätische Gerade festlegen; {ebenfalls} die beschriebene Deduktion wird zur Ergänzung an dieser Stelle aufgeführt. λ stellt eine Eigenschaft der Punktkoordinaten x_ν dar; sie bildet eine Anzahl von Oberflächen, die die zu findende geodätische Gerade und jeden zu dieser nicht endlich danebenliegenden, zwischen den Punkten P_1 sowie P_2, gedachten Geraden kreuzen. Alle so bestimmten Kurven können demnach hierdurch bedingt gedacht sein, so dass deren Punktkoordinaten x_ν innerhalb der Eigenschaft von λ ausformulierbar sind. Ein Symbol δ gleicht dem Schnittpunkt hinsichtlich des ersten Punkts der zu findenden geodätischen Geraden hinsichtlich desjenigen Punkts auf einer danebenliegenden Bahnkurve, der zugeordnet wird hinsichtlich des beispielhaften λ. Darauf kann (20) ersetzt werden durch ein Gleichungssystem hinsichtlich der Punkteigenschaften λ_1 und λ_2.

$$(20a) \quad \begin{aligned} &_{\lambda1}\int^{\lambda2}\delta w\, d\lambda = 0 \text{ (Einstein, 1916, S. 791)} \\ &w^2 = g_{\mu\nu} \times (dx_\mu/d\lambda) \times (dx_\nu/d\lambda) \text{ (Einstein, 1916, S. 791).} \end{aligned}$$

Kolek, Erik (2024). Über die physikalischen Grundlagen der interstellaren Raumfahrt. In: *Chroniken der Wirtschaftsinformatik-Physik (CWIP)*. Band 2, Auflagen-Nr. 1.0. ISBN: 9783758387944.

Jedoch weil

$\delta w = 1/w\{1/2 \times (\Omega g_{\mu v}/\Omega x_\sigma) \times (dx_\mu/d\lambda) \times (dx_v/d\lambda) \times \delta x_\sigma + g_{\mu v} \times (dx_\mu/d\lambda) \times \delta(dx_v/d\lambda)\}$ (Einstein, 1916, S. 791),

dann resultiert allgemein entsprechend dem Eingliedern von δw in (20a) unter Berücksichtigung der Folge, so dass

$\delta(dx_v/d\lambda) = d\delta x_v/d\lambda$ (Einstein, 1916, S. 791),

entsprechend teilweiser Zusammenführung (Integration) hinsichtlich der Punkteigenschaften λ_1 und λ_2

$_{\lambda_1}\!\int^{\lambda_2} d\lambda \varkappa_\sigma \delta x_\sigma = 0$ (Einstein, 1916, S. 791)

(20b) $\quad \varkappa_\sigma = d/d\lambda\{(g_{\mu v}/w) \times (dx_\mu/\Omega\lambda)\} - 1/2w \times (\Omega g_{\mu v}/\Omega x_\sigma) \times (dx_\mu/d\lambda) \times (dx_v/d\lambda)$ (Einstein, 1916, S. 791)

Daraus schließt sich aufgrund der beliebigen Auswählbarkeit von δx_σ die Elimination von $\varkappa_\sigma$ an. Demnach entsprechen

(20c) $\varkappa_\sigma = 0$ (Einstein, 1916, S. 791)

den Gleichungssystemen einer geodätischen Gerade. Entspricht auf der untersuchten geodätischen Gerade *ds ungleich 0*, dann war es Albert Einstein möglich als Eigenschaft (Parameter, Funktion) λ die auf dieser geodätischen Gerade abgemessene „Bogeneinheitslänge" s auszuwählen. Hierauf folgt *w gleich 1*, sowie allgemein resultiert anstatt (20c)

$g_{\mu v} \times (d^2 x_\mu/ds^2) + (\Omega g_{\mu v}/\Omega x_\sigma) \times (dx_\sigma/d\lambda) \times (dx_\mu/d\lambda) - 1/2 \times (\Omega g_{\mu v}/\Omega x_\sigma) \times (dx_\mu/d\lambda) \times (dx_v/d\lambda) = 0$ (Einstein, 1916, S. 791),

bzw. mittels reiner Umformulierung des Gleichungssystems (Formulierungsweise)

(20d) $g_{\alpha\sigma} \times (d^2 x_\alpha/ds^2) + [\mu\, v \mid \sigma] \times (dx_\mu/ds) \times (dx_v/ds) = 0$ (Einstein, 1916, S. 791),

bzw. festgelegt gemäß Christoffel existiert die Gleichung

Kolek, Erik (2024). Über die physikalischen Grundlagen der interstellaren Raumfahrt. In: *Chroniken der Wirtschaftsinformatik-Physik (CWIP)*. Band 2, Auflagen-Nr. 1.0. ISBN: 9783758387944.

(21) $[\mu\,\nu\mid\sigma] = 1/2(\Omega g_{\mu\sigma}/\Omega x_\nu + \Omega g_{\nu\sigma}/\Omega x_\mu - \Omega g_{\mu\nu}/\Omega x_\sigma)$ (Einstein, 1916, S. 791).

Wird allgemein nun am Ende (20d) multipliziert mit $g^{\sigma\tau}$ (außenliegende Rechnung hinsichtlich τ, innenliegende hinsichtlich σ), dann resultiert allgemein folgend als finaler Ausdruck des Gleichungssystems der geodätischen Geraden

(22) $d^2x_\tau/ds^2 + \{\mu\,\nu\mid\tau\} \times (dx_\mu/ds) \times (dx_\nu/ds) = 0$ (Einstein, 1916, S. 792).

Dabei erscheint gemäß Christoffel die Gleichung festgelegt

(23) $\{\mu\,\nu\mid\tau\} = g^{\tau\alpha}[\mu\,\nu\mid\alpha]$ (Einstein, 1916, S. 792).

§ 10. Die Gestaltung von Modelltensoren mittels Differentiation.

Mithilfe des Gleichungssystems hinsichtlich der geodätischen Gerade war es Albert Einstein jetzt einfach möglich die (notwendigen) Axiome abzuleiten, gemäß denen mittels Differentiation mithilfe von Modelltensoren andere hinzukommende Modelltensoren gestaltbar sind. Hierdurch dachte sich Albert Einstein in die Lage versetzt, allgemein kovariante Differentialgleichungssysteme abzuleiten. Albert Einstein erreichte diese Zielsetzung mittels mehrmaliger Verwendung des {der} nächsten nachvollziehbaren Axioms {Herangehensweise}.

Wenn in diesem Universum die Bahnkurve existiert, derer Koordinaten mittels der Bogeneinheitsstrecke s ausgehend eines festen Punkts auf dieser Kurve beschrieben bestehen, entspricht zusätzlich φ einer skalaren Raumeigenschaft, dann entspricht ebenfalls $d\varphi/ds$ einem Skalar. Die Evaluation wird so durchgeführt, dass $d\varphi$ und ds Skalaren gleichen.

Weil

$d\varphi/ds = \Omega\varphi/\Omega x_\mu \times dx_\mu/ds$ (Einstein, 1916, S. 792),

dann gleicht ebenfalls

$\psi = \Omega\varphi/\Omega x_\mu \times dx_\mu/ds$ (Einstein, 1916, S. 792)

Kolek, Erik (2024). Über die physikalischen Grundlagen der interstellaren Raumfahrt. In: *Chroniken der Wirtschaftsinformatik-Physik (CWIP)*. Band 2, Auflagen-Nr. 1.0. ISBN: 9783758387944.

einem Skalar, sowie allerdings hinsichtlich jeder Kurve, welche ausgeht von einem einzigen Startpunkt im Universum, das bedeutet, hinsichtlich einer willkürlichen Auswahl eines Modellvektors für die dx_μ. Hieraus ergibt sich direkt die Folge, so dass

(24) $A_\mu = \Omega\varphi/\Omega x_\mu$ (Einstein, 1916, S. 792)

einen kovarianten Vierermodellvektor darstellt (das Gradientenfeld hinsichtlich φ).

Gemäß diesem Axiom gleicht auch das in der Kurve liegende Differentialdivisionsergebnis

$X = d\psi/ds$ (Einstein, 1916, S. 792)

einem Skalar. Mittels Integrieren (Einfügen) der ψ bekam Albert Einstein zuerst

$X = \Omega^2\varphi/\Omega x_\mu\Omega x_\nu \times dx_\mu/ds \times dx_\nu/ds + \Omega\varphi/\Omega x_\mu \times d^2x_\mu/ds^2$ (Einstein, 1916, S. 792).

Hiermit kann vorerst (die Bestätigung also) das Vorhandensein der Modelltensorkoinzidenz nicht bewiesen werden. Dachte Albert Einstein jetzt jedoch daran, dass diese Bahnkurve, auf derer er differenzierte, einer geodätischen Gerade entspricht, dann bekam er gemäß (22) mittels Einfügen des Ausdrucks d^2x_ν / ds^2:

$X = \{\Omega^2\varphi/\Omega x_\mu\Omega x_\nu - \{\mu\,\nu \mid \tau\} \times \Omega\varphi/\Omega x_\tau\} \times dx_\mu/ds \times dx_\nu/ds$ (Einstein, 1916, S. 793).

Aufgrund der Substituierbarkeit der Differentiationsgleichungen nach ν sowie μ als auch hieraus, so dass nach (21) sowie (23) die geschwungene Klammerschreibweise $\{\mu\,\nu \mid \tau\}$ hinsichtlich μ sowie ν *nicht anti-symmetrisch* besteht, ergibt sich als eine Folge, dass der Klammersatz in μ sowie ν keine *Anti-symmetrie* darstellt. Weil, allgemein ausgehend von jedem Startpunkt im Universum in willkürlicher Richtungsschreibweise, eine geodätische Gerade zu zeichnen möglich ist und dx_μ/ds demnach einen Vierermodellvektor mit uneingeschränkt auswählbarem Größenverhältnis der Bestandteile darstellt, erhält man als eine Folge gemäß den Resultaten im Abschnitt 7, so dass

(25) $A_{\mu\nu} = \Omega^2\varphi/\Omega x_\mu\Omega x_\nu - \{\mu\,\nu \mid \tau\} \times \Omega\varphi/\Omega x_\tau$ (Einstein, 1916, S. 793)

Kolek, Erik (2024). Über die physikalischen Grundlagen der interstellaren Raumfahrt. In: *Chroniken der Wirtschaftsinformatik-Physik (CWIP)*. Band 2, Auflagen-Nr. 1.0. ISBN: 9783758387944.

einen kovarianten Modelltensor mit Rang 2 darstellt. Albert Einstein hatte folglich das Resultat erzielt: Mithilfe eines kovarianten Modelltensor mit Rang 1 {Vierermodellvektor}

$A_\mu = \Omega\varphi/\Omega x_\mu$ (Einstein, 1916, S. 793)

gestaltete er mittels Differentiation einen kovarianten Modelltensor mit Rang 2

(26) $A_{\mu\nu} = \Omega A_\mu/\Omega x_\nu - \{\mu\, \nu \mid \tau\} \times A_\tau$ (Einstein, 1916, S. 793).

Albert Einstein bezeichnete den Modelltensor $A_{\mu\nu}$ als die „Vervollständigung" des Modelltensors A_μ. Zuerst war es ihm einfach möglich festzustellen, dass dessen Gestaltung ebenfalls so zu einem Modelltensor lenkt, falls der Modellvektor A_μ keinem (darstellbaren) Gradienten gleicht. Damit er das verstand, lernte er zuerst, dass

$\psi(\Omega\varphi/\Omega x_\mu)$ (Einstein, 1916, S. 793)

einem kovarianten Vierermodellvektor gleicht, falls ψ sowie φ Invarianten darstellen. Das trifft ebenfalls auf eine mit vier entsprechenden Ausdrücken (Gliedern) beschriebene Summierung zu

$S_\mu = \psi^{(1)}(\Omega\varphi^{(1)}/\Omega x_\mu) + \psi^{(2)}(\Omega\varphi^{(2)}/\Omega x_\mu) + \psi^{(3)}(\Omega\varphi^{(3)}/\Omega x_\mu) + \psi^{(4)}(\Omega\varphi^{(4)}/\Omega x_\mu)$ (Einstein, 1916, S. 793),

wenn $\psi^{(1)}\varphi^{(1)}$, $\psi^{(2)}\varphi^{(2)}$, $\psi^{(3)}\varphi^{(3)}$ und $\psi^{(4)}\varphi^{(4)}$ Invarianten darstellen. Jetzt muss jedoch zu verstehen sein, dass alle kovarianten Vierermodellvektoren sich mit der Gestalt S_μ abbilden lassen. Wenn beispielsweise A_μ einen Vierermodellvektor darstellt und seine Bestandteile willkürlich existierende Eigenschaften der x_ν repräsentieren, dann muss allgemein lediglich (hinsichtlich des ausgewählten Bezugssystems) gesetzt werden

$\psi^{(1)} = A_1$ (Einstein, 1916, S. 794), $\qquad \varphi^{(1)} = x_1$ (Einstein, 1916, S. 794),

$\psi^{(2)} = A_2$ (Einstein, 1916, S. 794), $\qquad \varphi^{(2)} = x_2$ (Einstein, 1916, S. 794),

$\psi^{(3)} = A_3$ (Einstein, 1916, S. 794), $\qquad \varphi^{(3)} = x_3$ (Einstein, 1916, S. 794),

$\psi^{(4)} = A_4$ (Einstein, 1916, S. 794), $\qquad \varphi^{(4)} = x_4$ (Einstein, 1916, S. 794),

Kolek, Erik (2024). Über die physikalischen Grundlagen der interstellaren Raumfahrt. In: *Chroniken der Wirtschaftsinformatik-Physik (CWIP)*. Band 2, Auflagen-Nr. 1.0. ISBN: 9783758387944.

damit erzielt wird das A_μ mit S_μ übereinstimmt.

Damit aufgrund dieser Zielsetzung evaluiert werden kann, damit $A_{\mu\nu}$ einem Modelltensor gleicht, falls rechts hinsichtlich A_μ ein willkürlich kovarianter Vierermodellvektor eingefügt werden sollte, musste Albert Einstein lediglich beweisen, dass das hinsichtlich des Vierermodellvektors S_μ wahr ist. Hinsichtlich dieses Zwecks erscheint es jedoch, {da die rechtsbefindliche} wie eine Betrachtung der rechtsbefindlichen Gleichungsseite {geradlinig sowie gleichförmig hinsichtlich A_τ sowie $\Omega A_{\mu\nu}/\Omega x_\nu$ erscheint} aus (26) zeigt, befriedigend, die Evaluation hinsichtlich des Szenarios

$$A_\mu = \psi(\Omega\varphi/\Omega x_\mu) \text{ (Einstein, 1916, S. 794)}$$

klarzulegen. Der rechtsbefindliche Term von (25) besitzt jetzt Modelltensorkoinzidenz, da dieser mit ψ multipliziert wurde.

$$\psi(\Omega^2\varphi/\Omega x_\mu\Omega x_\nu) - \{\mu\ \nu\ |\ \tau\}(\psi \times \Omega\varphi/\Omega x_\tau) \text{ (Einstein, 1916, S. 794)}$$

Auch gleicht

$$\Omega\psi/\Omega x_\mu \times \Omega\varphi/\Omega x_\nu \text{ (Einstein, 1916, S. 794)}$$

einem Modelltensor (außenliegendes Produktergebnis von zwei Vierermodellvektoren). Mittels Additionsrechnung ergibt sich als eine Folge die Modelltensorkoinzidenz hinsichtlich

$$\Omega/\Omega x_\nu(\psi \times \Omega\varphi/\Omega x_\mu) - \{\mu\ \nu\ |\ \tau\}(\psi \times \Omega\varphi/\Omega x_\tau) \text{ (Einstein, 1916, S. 794).}$$

Hiermit wird, wie eine Betrachtung von (26) verständlich macht, die geforderte Evaluation hinsichtlich des Viermodellvektors

$$\psi \times \Omega\varphi/\Omega x_\mu \text{ (Einstein, 1916, S. 794),}$$

sowie deswegen gemäß dem davor Evaluierten hinsichtlich jedes willkürlichen Vierermodellvektors A_μ erbracht. –

Kolek, Erik (2024). Über die physikalischen Grundlagen der interstellaren Raumfahrt. In: *Chroniken der Wirtschaftsinformatik-Physik (CWIP)*. Band 2, Auflagen-Nr. 1.0. ISBN: 9783758387944.

Auf Grundlage der Vervollständigung eines Vierermodellvektors ist es allgemein einfach möglich die „Vervollständigung" eines (allgemein) kovarianten Modelltensors mit willkürlichem Rang zu denken; die beschriebene Gestaltung gleicht einer Generalisierung der Vervollständigung des Vierermodellvektors. Albert Einstein konzentrierte sich auf die Ableitung {Untersuchung} der Vervollständigung des Modelltensors mit Rang 2, weil diese Auswahl das Gestaltungsgesetz (Designwissenschaftsgesetz) schon einfach verständlich macht.

Es wurde gelernt, dass alle kovarianten Modelltensoren mit dem Rang 2 abgebildet werden können als die Summierung der Modelltensoren von der Art $A_\mu B_\nu$.

Mit der außenliegenden Multiplikationsrechnung von Vierervektoren in Verbindung mit (willkürlich existierenden) Bestandteilen A_{11} bis A_{14} oder 1 und 3×0 wird folgender Modelltensor und seine Bestandteile geformt

A_{11}	A_{12}	A_{13}	A_{14}	
0	0	0	0	
0	0	0	0	
0	0	0	0	(Einstein, 1916, S. 795).

Mithilfe der Additionsrechnung von vier solchen Modelltensoren wird allgemein der Modelltensor $A_{\mu\nu}$ und seine willkürlich festgelegten Bestandteile (gedanklich) zusammengefasst.

Daher muss es ausreichen die Formulierung der Vervollständigung hinsichtlich eines entsprechend spezialisierten Modelltensors aufzustellen. Gemäß (26) besitzen folgende Formulierungen

$\Omega A_\mu / \Omega x_\sigma - \{\sigma\,\mu \mid \tau\} A_\tau$ (Einstein, 1916, S. 795),

$\Omega B_\nu / \Omega x_\sigma - \{\sigma\,\nu \mid \tau\} B_\tau$ (Einstein, 1916, S. 795)

Modelltensorkoinzidenz. Mittels außenliegender Multiplikationsrechnung des an erster Stelle stehenden Ausdrucks mit B_ν und des an zweiter Stelle stehenden

Kolek, Erik (2024). Über die physikalischen Grundlagen der interstellaren Raumfahrt. In: *Chroniken der Wirtschaftsinformatik-Physik (CWIP)*. Band 2, Auflagen-Nr. 1.0. ISBN: 9783758387944.

Ausdrucks mit A_μ entsteht allgemein jeweils ein Modelltensor mit Rang 3; die Additionsrechnung aus beiden Modelltensoren mit Rang 3 führt zum (unteren) Modelltensor mit Rang 3

(27) $A_{\mu\nu\sigma} = \Omega A_{\mu\nu}/\Omega x_\sigma - \{\sigma\,\mu \mid \tau\} A_{\tau\nu} - \{\sigma\,\nu \mid \tau\} A_{\mu\tau}$ (Einstein, 1916, S. 795),

worin $A_{\mu\nu}$ gleich $A_\mu B_\nu$ festgelegt besteht. Weil der rechtsbefindliche Term in (27) sich geradlinig sowie gleichförmig darstellt hinsichtlich von $A_{\mu\nu}$ sowie seinen anfänglichen Folgerungen (Ableitungen). Das beschriebene Gestaltungsgesetz lenkt, sowohl im Falle eines Modelltensors von der Art $A_\mu B_\nu$ als ebenfalls im Falle der Summierung dieser Modelltensoren, das bedeutet im Falle eines willkürlich kovarianten Modelltensors mit Rang 2, hin zu dem Modelltensor. Albert Einstein bezeichnete $A_{\mu\nu\sigma}$ als die Vervollständigung des Modelltensors $A_{\mu\nu}$.

Nachvollziehbar erscheint, dass (24) sowie (26) lediglich *nicht-allgemeine* Gleichungsszenarien von (27) darstellen (Vervollständigung des Modelltensors mit dem Rang 1 bzw. 0). Insgesamt kann jedes *nicht-allgemeine* Gestaltungsgesetz von Modelltensoren aufgrund von (27) verknüpft mit Modelltensormultiplikationsrechnung verstanden werden.

§ 11. Mehrere nicht-allgemeine Szenarien mit hoher Nützlichkeit.

Mehrere Vereinfachungssätze {Differentialsätze} hinsichtlich des Fundamentalmodelltensors. Albert Einstein dachte sich zuerst mehrere im späteren oft genutzte Vereinfachungsätze (Unterstützungssätze) als Gleichungssysteme aus beziehungsweise er leitete diese ab. Übereinstimmend mit dem Gesetz zur Differentiation von Determinanten gilt

(28) $dg = g^{\mu\nu} g \, dg_{\mu\nu} = - g_{\mu\nu} g \, dg^{\mu\nu}$ (Einstein, 1916, S. 796).

Diese Gleichung ist begründet mittels der davorliegenden Gleichung, falls allgemein daran gedacht wird, dass $g_{\mu\nu} g^{\mu'\nu} = \delta_\mu{}^{\mu'}$ und demnach $g_{\mu\nu} g^{\mu\nu} = 4$ ist, daraus folgt

$g_{\mu\nu} dg^{\mu\nu} + g^{\mu\nu} dg_{\mu\nu} = 0$ (Einstein, 1916, S. 796).

Kolek, Erik (2024). Über die physikalischen Grundlagen der interstellaren Raumfahrt. In: *Chroniken der Wirtschaftsinformatik-Physik (CWIP)*. Band 2, Auflagen-Nr. 1.0. ISBN: 9783758387944.

Mithilfe von (28) entsteht

(29) $1/\sqrt{-g} \times \Omega\sqrt{-g}/\Omega x_\sigma = 1/2 \times \Omega lg(-g)/\Omega x_\sigma = 1/2 \times g^{\mu\nu} \times \Omega g_{\mu\nu}/\Omega x_\sigma = -1/2 \times g_{\mu\nu} \times \Omega g^{\mu\nu}/\Omega x_\sigma$ (Einstein, 1916, S. 796).

Ausgehend von

$g_{\mu\sigma}g^{\nu\sigma} = \delta_\mu{}^\nu$ (Einstein, 1916, S. 796)

entsteht zusätzlich mittels Differentiationsrechnung die Folge

$$(30) \quad \left\{ \quad \text{relationsweise} \quad \begin{array}{l} g_{\mu\sigma}dg^{\nu\sigma} = -g^{\nu\sigma}dg_{\mu\sigma} \\[4pt] g_{\mu\sigma} \times \Omega g^{\nu\sigma}/\Omega x_\lambda = -g^{\nu\sigma} \times \Omega g_{\mu\sigma}/\Omega x_\lambda \end{array} \quad \text{(Einstein, 1916, S. 796).} $$

Mittels vermischter Multiplikationsrechnung mithilfe von $g^{\sigma\tau}$ oder $g_{\nu\lambda}$ wird allgemein daraus (im Falle einer veränderten Formulierungsweise der Angaben)

$$(31) \quad \left\{ \quad \begin{array}{l} dg^{\mu\nu} = -g^{\mu\alpha}g^{\nu\beta}dg_{\alpha\beta} \\[4pt] \Omega g^{\mu\nu}/\Omega x_\sigma = -g^{\mu\alpha}g^{\nu\beta} \times \Omega g_{\alpha\beta}/\Omega x_\sigma \end{array} \quad \text{(Einstein, 1916, S. 796),} $$

relationsweise

$$(32) \quad \left\{ \quad \begin{array}{l} dg_{\mu\nu} = -g_{\mu\alpha}g_{\nu\beta}dg^{\alpha\beta} \\[4pt] \Omega g_{\mu\nu}/\Omega x_\sigma = -g_{\mu\alpha}g_{\nu\beta} \times \Omega g^{\alpha\beta}/\Omega x_\sigma \end{array} \quad \text{(Einstein, 1916, S. 796).} $$

Eine Bezugnahme (31) ermöglicht die Umgestaltung, welche Albert Einstein auch mehrmals nutzen musste. Nach (21) gilt

(33) $\Omega g_{\alpha\beta}/\Omega x_\sigma = [\alpha\,\sigma \mid \beta] + [\beta\,\sigma \mid \alpha]$ (Einstein, 1916, S. 796).

Wird allgemein dieser Ausdruck in die untere der Gleichungen (31) eingefügt, dann folgt allgemein unter Berücksichtigung von (23)

(34) $\Omega g_{\mu\nu}/\Omega x_\sigma = -(g^{\mu\tau}\{\tau\,\sigma \mid \nu\} + g^{\nu\tau}\{\tau\,\sigma \mid \mu\})$ (Einstein, 1916, S. 796).

Kolek, Erik (2024). Über die physikalischen Grundlagen der interstellaren Raumfahrt. In: *Chroniken der Wirtschaftsinformatik-Physik (CWIP)*. Band 2, Auflagen-Nr. 1.0. ISBN: 9783758387944.

Anhand der Veränderung des rechten Terms in (34) mit Auswirkung auf (29) entsteht allgemein

(29a) $1/\sqrt{-y} \times \Omega\sqrt{-g}/\Omega x_\sigma = \{\mu\ \sigma \mid \mu\}$ (Einstein, 1916, S. 796).

Die Abweichung (Divergenz) eines kontravarianten Vierermodellvektors. Wird allgemein (26) multipliziert mit einem kontravarianten Fundamentalmodelltensor $g^{\mu\nu}$ (innenliegende Multiplikationsrechnung), dann erhält der rechte Term nach seiner Umgestaltung seines an erster Stelle stehenden Ausdrucks zuerst die Schreibweise

$\Omega/\Omega x_\nu(g^{\mu\nu}A_\mu) - A_\mu \times \Omega g^{\mu\nu}/\Omega x_\nu - 1/2 \times g^{\tau\alpha}(\Omega g^{\mu\alpha}/\Omega x_\nu + \Omega g_{\nu\alpha}/\Omega x_\mu - \Omega g_{\mu\nu}/\Omega x_\alpha)g^{\mu\nu}A_\tau$ (Einstein, 1916, S. 797).

Der letztere Teil dieser Gleichung ermöglicht nach (29) sowie (31) den Ausdruck

$1/2 \times \Omega g^{\tau\nu}/\Omega x_\nu \times A_\tau + 1/2 \times \Omega g^{\tau\mu}/\Omega x_\mu \times A_\tau + 1/\sqrt{-g} \times \Omega\sqrt{-g}/\Omega x_\alpha \times g^{\mu\nu}A_\tau$ (Einstein, 1916, S. 797).

Weil die Bezeichnung der Summenangaben unwichtig ist, unterscheiden sich die zwei ersteren Ausdrücke dieser Gleichung gegenüber dem zweiten Ausdruck der obigen Gleichung; der letztere Ausdruck kann mit ersterem Ausdruck der oberen Gleichung zusammengeführt werden.

Wird allgemein festgelegt, dass

$g^{\mu\nu}A_\mu = A^\nu$ (Einstein, 1916, S. 797)

ist, worin A_μ genauso wie A^ν einen beliebig auswählbaren Modellvektor darstellt, dann wird allgemein am Ende ermittelt

(35) $\Phi = 1/\sqrt{-g} \times \Omega/\Omega x_\nu (\sqrt{-g} \times A^\nu)$ (Einstein, 1916, S. 797).

Diese Invariante gleicht der *Abstoßung (Divergenz)* hinsichtlich des kontravarianten Vierermodellvektors {Modelltensors} A^ν.

Kolek, Erik (2024). Über die physikalischen Grundlagen der interstellaren Raumfahrt. In: *Chroniken der Wirtschaftsinformatik-Physik (CWIP)*. Band 2, Auflagen-Nr. 1.0. ISBN: 9783758387944.

„Drehung" eines (kovarianten) Vierermodellvektors. Der zweite Ausdruck in (26) entspricht in seinen Angaben (Indizes) μ sowie v keiner *Anti-symmetrie*. Daher gleicht $A_{\mu v} - A_{v\mu}$ einem sehr einfach gestalteten (*nicht-symmetrischen*) Modelltensor. Allgemein folgt

(36) $B_{\mu v} = \Omega A_\mu / \Omega x_v - \Omega A_v / \Omega x_\mu$ (Einstein, 1916, S. 797).

Nicht-symmetrische (ungleichförmige) Vervollständigung des Sechsermodellvektors. Wird allgemein (27) auf einen Modelltensor mit fehlender Symmetrie (*Anti-symmetrie*) und vom Rang 2 $A_{\mu v}$ angewendet, werden dazu die zwei mittels periodischer (zyklischer) Verschiebung der Angaben μ, v und σ abgeleiteten Gleichungssysteme sowie die drei Gleichungssysteme hinzugefügt, dann folgt allgemein der Modelltensor mit Rang 3

(37) $B_{\mu v\sigma} = A_{\mu v\sigma} + A_{v\sigma\mu} + A_{\sigma\mu v} = \Omega A_{\mu v} / \Omega x_\sigma + \Omega A_{v\sigma} / \Omega x_\mu + \Omega A_{\sigma\mu} / \Omega x_v$ (Einstein, 1916, S. 797),

mit dem einfach evaluiert werden kann, dass diesem Symmetrie fehlt (demnach eine *Anti-symmetrie* nachgewiesen werden kann).

Abweichung (Divergenz) des Sechsermodellvektors. Wird allgemein (27) multipliziert mit $g^{\mu\alpha}g^{v\beta}$ (vermischte Multiplikationsrechnung), dann wird allgemein auch ein Modelltensor gestaltet. Der erstere Ausdruck des rechten Terms in (27) darf allgemein mit der Formulierung

$\Omega / \Omega x_\sigma (g^{\mu\alpha}g^{v\beta}A_{\mu v}) - g^{\mu\alpha} \times \Omega g^{v\beta} / \Omega x_\sigma \times A_{\mu v} - g^{v\beta} \times \Omega g^{\mu\alpha} / \Omega x_\sigma \times A_{\mu v}$ (Einstein, 1916, S. 798)

beschrieben werden. Wird allgemein die Substitution von $g^{\mu\alpha}g^{v\beta}A_{\mu v\sigma}$ mit $A_\sigma{}^{\alpha\beta}$, $g^{\mu\alpha}g^{v\beta}A_{\mu v}$ mit $A^{\alpha\beta}$ durchgeführt sowie wird allgemein innerhalb des umgestalteten ersteren Ausdrucks folgendes verändert

$\Omega g^{v\beta} / \Omega x_\sigma$ UND $\Omega g^{\mu\alpha} / \Omega x_\sigma$ (Einstein, 1916, S. 798)

Kolek, Erik (2024). Über die physikalischen Grundlagen der interstellaren Raumfahrt. In: *Chroniken der Wirtschaftsinformatik-Physik (CWIP)*. Band 2, Auflagen-Nr. 1.0. ISBN: 9783758387944.

hinsichtlich (34), dann wandelt sich der rechte Term in (27) um in ein Gleichungssystem mit sieben Gliedern, innerhalb dessen sich vier Bestandteile unterscheiden. Hier entsteht ein Rest

(38) $A_\sigma{}^{\alpha\beta} = \Omega A^{\alpha\beta}/\Omega x_\sigma + \{\sigma\varkappa \mid \alpha\}A^{\varkappa\beta} + \{\sigma\varkappa \mid \beta\}A^{\alpha\varkappa}$ (Einstein, 1916, S. 798).

Das entspricht dem Gleichungssystem hinsichtlich der Vervollständigung eines kontravarianten Modelltensors mit Rang 2, das analog ebenfalls hinsichtlich kontravarianter Modelltensoren mit untergeordnetem und übergeordnetem Rang abgeleitet werden kann.

Albert Einstein verstand nun, dass mit der gleichen Methode ebenfalls die Vervollständigung eines vermischten Modelltensors $A_\mu{}^\alpha$ gestaltet werden konnte:

(39) $A_{\mu\sigma}{}^\alpha = \Omega A^\alpha{}_\mu/\Omega x_\sigma - \{\sigma\mu \mid \tau\}A^\alpha{}_\tau + \{\sigma\tau \mid \alpha\}A^\tau{}_\mu$ (Einstein, 1916, S. 798).

Mittels Verkleinerung von (38) hinsichtlich der Angaben β sowie σ (innenliegende Multiplikationsrechnung mithilfe $\delta^\sigma{}_\beta$) folgt allgemein der kontravariante Vierermodellvektor

$A^\alpha = \Omega A^{\alpha\beta}/\Omega x_\beta + \{\beta\varkappa \mid \beta\}A^{\alpha\varkappa} + \{\beta\varkappa \mid \alpha\}A^{\varkappa\beta}$ (Einstein, 1916, S. 798).

Aufgrund der nicht fehlenden Symmetrie des Inhalts der geschwungen Klammer $\{\beta \varkappa \mid \alpha\}$ hinsichtlich der Angaben β sowie $\varkappa$ wird der dritte Teil des rechten Terms aufgelöst, wenn $A^{\alpha\beta}$ ein Modelltensor mit fehlender Symmetrie (*Anti-symmetrie*) repräsentiert, das Albert Einstein vermuten wollte; der zweite Teil kann nach (29a) entsprechend umgestaltet werden. Albert Einstein erhielt demnach

(40) $A^\alpha = 1/\sqrt{-g} \times \Omega(\sqrt{-g} \times A^{\alpha\beta})/\Omega x_\beta$ (Einstein, 1916, S. 798).

Das entspricht der Gleichung für die Abweichung (Divergenz) hinsichtlich von einem kontravarianten *{anti-symmetrischen}* Sechsermodellvektor {Modelltensors mit Rang 2}.

Kolek, Erik (2024). Über die physikalischen Grundlagen der interstellaren Raumfahrt. In: *Chroniken der Wirtschaftsinformatik-Physik (CWIP)*. Band 2, Auflagen-Nr. 1.0. ISBN: 9783758387944.

Die Abweichung (Divergenz) eines vermischten Modelltensors mit Rang 2. Wenn Albert Einstein die Verkleinerung von (39) gestaltete hinsichtlich der Angaben α sowie σ, dann bekam er unter Berücksichtigung von (29a)

(41) $\sqrt{-g} \times A_\mu = \Omega(\sqrt{-g} \times A_\mu{}^\sigma)/\Omega z_\sigma - \{\sigma\,\mu\mid\tau\}\sqrt{-g} \times A_\tau{}^\sigma$ (Einstein, 1916, S. 799).

Wird allgemein in dem letzteren Bestandteil der kontravariante Modelltensor $A^{\varrho\sigma} = g^{\varrho\tau}A_\tau{}^\sigma$ eingefügt, dann erhält dieser den Ausdruck

$-\{\sigma\,\mu\mid\varrho\}\sqrt{-g} \times A^{\varrho\sigma}$ (Einstein, 1916, S. 799).

Wenn der Modelltensor $A^{\varrho\sigma}$ zusätzlich keinem *anti-symmetrischen* gleicht, dann verkleinert sich seine Form zu

$-1/2\sqrt{-g} \times \Omega g_{\varrho\sigma}/\Omega x_\mu \times A^{\varrho\sigma}$ (Einstein, 1916, S. 799).

Würde allgemein anstelle von $A^{\varrho\sigma}$ der auch nicht *anti-symmetrische* kovariante Modelltensor $A_{\varrho\sigma} = g_{\varrho\alpha}g_{\sigma\beta}A^{\alpha\beta}$ hinzugedacht, dann hätte der letztere Teil aufgrund von (31) den Ausdruck

$1/2\sqrt{-g} \times \Omega g^{\varrho\sigma}/\Omega x_\mu \times A_{\varrho\sigma}$ (Einstein, 1916, S. 799)

angenommen. Innerhalb dieser (gedanklich) beobachteten Symmetriewahrheit darf demnach (41) ebenfalls mittels der zwei Ausdrücke

(41a) $\sqrt{-g} \times A_\mu = \Omega(\sqrt{-g} \times A_\mu{}^\sigma)/\Omega x_\sigma - 1/2 \times \Omega g_{\varrho\sigma}/\Omega x_\mu \times \sqrt{-g} \times A^{\varrho\sigma}$ (Einstein, 1916, S. 799)

sowie

(41b) $\sqrt{-g} \times A_\mu = \Omega(\sqrt{-g} \times A_\mu{}^\sigma)/\Omega x_\sigma + 1/2 \times \Omega g^{\varrho\sigma}/\Omega x_\mu \times \sqrt{-g} \times A_{\sigma\varrho}$ (Einstein, 1916, S. 799)

ein Austausch stattfinden, welche Albert Einstein später nutzen musste.

Kolek, Erik (2024). Über die physikalischen Grundlagen der interstellaren Raumfahrt. In: *Chroniken der Wirtschaftsinformatik-Physik (CWIP)*. Band 2, Auflagen-Nr. 1.0. ISBN: 9783758387944.

§ 12. Der Modelltensor nach Riemann-Christoffel.

Albert Einstein interessierte sich jetzt für diejenigen Modelltensoren, die mithilfe des Fundamentalmodelltensors aller $g_{\mu\nu}$ *einzig* mittels Differentiationsrechnung ermittelbar sind. Eine Ableitung hierzu erscheint zuerst ganz einfach zu sein. Er setzte in (27) anstelle eines willkürlich ausgewählten Modelltensors $A_{\mu\nu}$ einen Fundamentalmodelltensor aller $g_{\mu\nu}$ so ein, wodurch er einen veränderten (erneuerten) Modelltensor bekam, sozusagen die Vervollständigung des Fundamentalmodelltensors. Er hatte aber einfach erlernt, dass diese Vervollständigung sich analog auflösen lässt. Er erreichte aber mit der nächsten Methode ihre Zielsetzung. Dazu fügte er in (27)

$$A_{\mu\nu} = \Omega A_\mu/\Omega x_\nu - \{\mu\,\nu \mid \varrho\}A_\varrho \text{ (Einstein, 1916, S. 799)},$$

eine Vervollständigung des Vierermodellvektors A_ν hinzu. Darauf bekam er (mit minimal erneuerter Bezeichnung der Angaben) den Modelltensor mit Rang 3

$$
\begin{aligned}
A_{\mu\sigma\tau} \quad & - \Omega^2 A_\mu/\Omega x_\sigma \Omega x_\tau \\
& - \{\mu\,\sigma \mid \varrho\}\Omega A_\varrho/\Omega x_\tau - \{\mu\,\tau \mid \varrho\}\Omega A_\varrho/\Omega x_\sigma - \{\sigma\,\tau \mid \varrho\}\Omega A_\mu/\Omega x_\varrho \\
& + [- \Omega/\Omega x_\tau\{\mu\,\sigma \mid \varrho\} + \{\mu\,\tau \mid \alpha\}\{\alpha\,\sigma \mid \varrho\} + \{\sigma\,\tau \mid \alpha\}\{\alpha\,\mu \mid \varrho\}]A_\varrho \text{ (Einstein,} \\
& \text{1916, S. 800).}
\end{aligned}
$$

Dieses Gleichungssystem vereinfacht die Gestaltung des Modelltensors $A_{\mu\sigma\tau} - A_{\mu\tau\sigma}$. Da sich hierbei die nächsten Ausdrücke der Gleichung hinsichtlich von $A_{\mu\sigma\tau}$ mit denen für $A_{\mu\tau\sigma}$ auflösen lassen: der Ausdruck Nummer 1, der Ausdruck Nummer 4, und der Ausdruck welcher mit der am Ende innerhalb der Klammer mit Ecken stehenden Schreibweise übereinstimmt; da jeder dieser Ausdrücke innerhalb der σ sowie τ keine *Anti-symmetrie* aufweist. Analog trifft dies zu für die Summierung der Ausdrücke an der zweiten sowie dritten Stelle. Albert Einstein bekam demnach

$$(42)\ A_{\mu\sigma\tau} - A_{\mu\tau\sigma} = B_{\mu\sigma\tau}{}^\varrho A_\varrho \text{ (Einstein, 1916, S. 800),}$$

$$(43) \quad \{ \quad B_{\mu\sigma\tau}{}^\varrho = \quad - \Omega/\Omega x_\tau\{\mu\,\sigma \mid \varrho\} + \Omega/\Omega x_\sigma\{\mu\,\tau \mid \varrho\}$$

Kolek, Erik (2024). Über die physikalischen Grundlagen der interstellaren Raumfahrt. In: *Chroniken der Wirtschaftsinformatik-Physik (CWIP)*. Band 2, Auflagen-Nr. 1.0. ISBN: 9783758387944.

$$- \{\mu\,\sigma \mid \alpha\}\{\alpha\,\tau \mid \varrho\} + \{\mu\,\tau \mid \alpha\}\{\alpha\,\sigma \mid \varrho\} \text{ (Einstein, 1916, S. 800).}$$

Wichtig aufgrund dieses Ergebnisses ist es zu erkennen, dass rechts in (42) lediglich alle A_ϱ, jedoch keine ihrer Deduktionen (Aufstellungen, Ableitungen) zu finden sind. Wegen der Modelltensorkoinzidenz (Tensorübereinstimmung) der $A_{\mu\sigma\tau} - A_{\mu\tau\sigma}$ verknüpft mit, dass A_ϱ einen beliebig auswählbaren Vierermodellvektor darstellt, erscheint als eine Folge, denkbar durch die Ergebnisse im Abschnitt 7, dass $B_{\mu\sigma\tau}{}^\varrho$ einen Modelltensor repräsentiert (den Modelltensor nach Riemann-Christoffel).

Der Sinn (rein) nach der Mathematik des Riemann-Christoffel-Tensors ist folgendermaßen begründet: Falls unser Universum entsprechend gestaltet sein sollte, dass ein Linienelementsystem (Bezugssystem) existiert, hinsichtlich diesem alle $g_{\mu\nu}$ Unveränderliche darstellen, dann löst sich jedes $R_{\mu\sigma\tau}{}^\varrho$ auf. Wird allgemein anstelle des anfänglichen Volumenelementsystems ein willkürlich ausgewähltes System neu gedacht, dann können die dem neuen System hinzugeordneten $g_{\mu\nu}$ keine Veränderlichen (beziehungsweise konstanten Variablen) repräsentieren. Die Modelltensorübereinstimmung (Tensorkoinzidenz) der $R_{\mu\sigma\tau}{}^\varrho$ erfordert es jedoch, dass sich dessen Bestandteile ebenfalls innerhalb des willkürlich ausgewählten Koordinatensystems ganzheitlich auflösen. Die Elimination dieses Modelltensors nach Riemann entspricht demnach einer nicht wegzudenkenden Voraussetzung hierfür, dass mittels einer übereinstimmenden (geeigneten) Auswahl des Koordinatensystems eine Unveränderlichkeit (Konstanz) aller $g_{\mu\nu}$ zu bewirken möglich erscheint. Mathematiker haben die Existenz dieser Voraussetzung sowie ebenfalls das Ausreichen dieser Voraussetzung evaluiert. Bei dieser Fragestellung gleicht das der Evaluation, dass im Falle einer übereinstimmenden Auswahl des Bezugssystems innerhalb von nicht unendlichen (mehrdimensionalen zeiträumlichen) Bereichen die spezielle Relativitätstheorie gültig ist.

Mittels Verkleinerung der Gleichung (43) hinsichtlich der Angaben τ sowie ϱ wird allgemein der kovariante Modelltensor mit Rang 2 gebildet

Kolek, Erik (2024). Über die physikalischen Grundlagen der interstellaren Raumfahrt. In: *Chroniken der Wirtschaftsinformatik-Physik (CWIP)*. Band 2, Auflagen-Nr. 1.0. ISBN: 9783758387944.

$$
(44) \quad \left\{
\begin{aligned}
B_{\mu v} &= R_{\mu v} + S_{\mu v} \\
R_{\mu v} &= -\Omega/\Omega x_\alpha \{\mu\ v\ |\ \alpha\} + \{\mu\ \alpha\ |\ \beta\}\{v\ \beta\ |\ \alpha\} \\
S_{\mu v} &= \Omega lg\sqrt{-g}/\Omega x_\mu \Omega x_v - \{\mu\ v\ |\ \alpha\}\Omega lg\sqrt{-g}/\Omega x_\alpha
\end{aligned}
\right.
$$

(Einstein, 1916, S. 801).

Randnotiz bezüglich der Punktkoordinatenauswahl. Bereits im Abschnitt 8 nach dem Gleichungssystem (18a) wurde gelernt, dass die Punktauswahl entsprechend vorteilhaft durchführbar ist, so dass $\sqrt{-g} = 1$ gilt. Eine Betrachtung der Gleichungen innerhalb der zwei vorherigen Abschnitte erklärt, dass mittels einer entsprechenden Auswahl die Gestaltungsgesetze der Modelltensoren eine deutlich höhere Einfachheit erleben. Speziell ist dies gültig hinsichtlich des gerade abgeleiteten Modelltensors $B_{\mu v}$, der in dieser zu beschreibenden Theorie eine grundlegende Aufgabe hat. Die betrachtete Besonderheit hinsichtlich der Punktauswahl bewirkt sozusagen das Auflösen der $S_{\mu v}$, wodurch sich der Modelltensor $B_{\mu v}$ zu $R_{\mu v}$ verkleinern lässt.

Albert Einstein wollte deswegen nachfolgend jede Beziehung in ihrer vereinfachten Ausdruckweise notieren, die die erläuterte Besonderheit der Punktauswahl innehat. Darauf ist es einfach möglich die *allgemein* kovarianten Gleichungssysteme abzuleiten, wenn das im Speziellen erforderlich ist.

C. Theorie über das Gravitationsfeld und dessen Wechselwirkung.

§ 13. Bewegungskörpersystem eines Massepunkts innerhalb des Gravitationsfeldes.

Gleichung hinsichtlich der Feldbestandteile der Schwere (= Trägheit).

Ein Körper der keinen außenliegenden Einwirkungen ausgesetzt ist, kann sich (daher) nach der speziellen Relativitätstheorie isoliert linear sowie homogen bewegen. Dasselbe Prinzip ist ebenfalls gemäß der allgemeinen Relativitätstheorie auf einen Bereich des Raums mit vier Dimensionen (gedanklich) anwendbar, in dem das Bewegungskörpersystem (Bezugssystem) K_0 übereinstimmend auswählbar und

Kolek, Erik (2024). Über die physikalischen Grundlagen der interstellaren Raumfahrt. In: *Chroniken der Wirtschaftsinformatik-Physik (CWIP)*. Band 2, Auflagen-Nr. 1.0. ISBN: 9783758387944.

entsprechend ausgewählt wird, so dass alle $g_{\mu\nu}$ ihre nach (4a) bestimmten besonderen unveränderlichen Größen erhalten.

Albert Einstein schaute sich kurz die obige Körperbewegung ausgehend eines willkürlich ausgewählten Bezugssystem K_1 an, dann pflanzt sich {diese Masse} von dort aus gesehen fort, verstanden gemäß der Gedanken im Abschnitt 2 innerhalb eines Schwerefeldes (das den Körper anzieht). Ein Bewegungsrichtungsgesetz hinsichtlich K_1 kann einfach aus dem folgenden Gedanken abgeleitet werden. Hinsichtlich K_0 gleicht dieses Gesetz einer Linie mit vier Dimensionen, demnach einer geodätischen Geraden (also wie ein verbogener nicht mehr geradliniger und gleichförmiger Würfel oder Quader). Weil jetzt diese geodätische Gerade nicht abhängig von einem Koordinatensystem gedacht existiert, muss das dazugehörige Gleichungssystem ebenfalls das Bewegungskörpersystem eines Massepunkts hinsichtlich K_1 repräsentieren. Albert Einstein dachte, dass

(45) $\Gamma_{\mu\nu}{}^{\tau} = -\{\mu\ \nu \mid \tau\}$ (Einstein, 1916, S. 802) ist,

dann bestimmt demnach das Gleichungssystem für die Punktrichtungsbewegung hinsichtlich K_1

(46) $d^2 x_\tau / ds^2 = \Gamma_{\mu\nu}{}^{\tau} \times dx_\nu / ds \times dx_\nu / ds$ (Einstein, 1916, S. 802).

Albert Einstein verstand jetzt eine äußerst einfache Theorie, in der Form einer allgemein kovarianten Gleichung hinsichtlich der Punktbewegung in einem Schwerefeld, welche ebenfalls dann vorgegeben ist, falls er sich das Koordinatensystem K_0 (wieder) wegdachte, hinsichtlich dem innerhalb eines nicht unendlichen Raums die spezielle Relativitätstheorie ihre Gültigkeit hat. Um diese Theorie zu denken war er entsprechend in der Lage, weil (46) lediglich die ersten Deduktionen (Aufstellungen) aller $g_{\mu\nu}$ umfasst, dazwischen existieren keine Ableitungen (Beziehungen, Relationen) ebenfalls nicht im Speziellen des Vorhandenseins des Koordinatensystems K_0. Denn diese Relationen bestehen ab der

Kolek, Erik (2024). Über die physikalischen Grundlagen der interstellaren Raumfahrt. In: *Chroniken der Wirtschaftsinformatik-Physik (CWIP)*. Band 2, Auflagen-Nr. 1.0. ISBN: 9783758387944.

zweiten (mit der ersteren) Ableitung nach den im Abschnitt 12 gedachten Relationen $B_{\mu\sigma\tau}{}^{\varrho} = 0$.

Lösen sich die $\Gamma_{\mu v}{}^{\tau}$ auf (bzw. bewegen sich die $\Gamma_{\mu v}{}^{\tau}$ weg wie ein Körper), dann pflanzt sich ein Massepunkt (auf vier Dimensionen wieder) linear sowie homogen fort; die genannten Vektorwerte sind der Grund dafür, dass eine Divergenz (Abweichung) dieser Bewegungsrichtung eines Körpers hinsichtlich seiner Homogenität entstehen kann. (Die allgemeine Relativitätstheorie basiert also auf einer nicht-linearen und heterogenen Translationsbewegung von durch Gravitation beeinflussten Körpern); es handelt sich hierbei um die Bestandteile des Schwerefeldes.

Gegengleichung hinsichtlich der Feldbestandteile zur Bestimmung der Anti-Gravitation.

Erik Kolek denkt sich jetzt zum eben Gesagten ein weiteres Koordinatensystem K_2 hinzu, in dem ein Gravitationsfeld wie in K_1 existiert und daher ebenfalls einen Einfluss nehmen muss auf die geodätische Körperlinienbewegung auf vier Dimensionen. Er betrachtet also als einziger Beobachter nicht mehr nur einen Asteroideneinschlag auf der Erde wie in der allgemeinen Relativitätstheorie von Albert Einstein, sondern überlegt sich zusätzlich den Einfluss des Gravitationsfeldes des Mondes auf diese Bezugskörperbewegung des Asteroiden mit geodätischem Kurs auf die Erde; das Gravitationsfeld des Mondes mit geringerer Schwere (= Trägheit) sollte also einen gegensätzlichen divergenten, verlangsamenden Einfluss auf die Körperbewegungsgeschwindigkeit des Asteroiden nehmen. Allgemein setzt er aufgrund dieser Vervollständigung durch die anti-allgemeinen Relativitätstheorie

(45a) $- \Gamma_{\mu v}{}^{\tau} = \{\mu\, v \mid \tau\}$ (Einstein, 1916, S. 802) und

(46a) $d^2 x_{\tau}/ds^2 = - \Gamma_{\mu v}{}^{\tau} \times dx_v/ds \times dx_v/ds$ (Einstein, 1916, S. 802).

Auf Grundlage dieser Gegengleichung hinsichtlich der Feldbestandteile zur Bestimmung der Anti-Gravitation ergibt sich als eine Folge die summierte Gleichung

Kolek, Erik (2024). Über die physikalischen Grundlagen der interstellaren Raumfahrt. In: *Chroniken der Wirtschaftsinformatik-Physik (CWIP)*. Band 2, Auflagen-Nr. 1.0. ISBN: 9783758387944.

der Punktbewegung hinsichtlich K_1 (hier Körperaufschlag) und K_2 (hier Körperanziehung).

(45b) $(\Gamma_{\mu v}{}^\tau)_1 + (-\Gamma_{\mu v}{}^\tau)_2 = -\{\mu\ v\ |\ \tau\}_1 + \{\mu\ v\ |\ \tau\}_2$ (Einstein, 1916, S. 802) und

(46b) $(d^2 x_\tau/ds^2)_1 + (d^2 x_\tau/ds^2)_2 = (\Gamma_{\mu v}{}^\tau \times dx_v/ds \times dx_v/ds)_1 + (-\Gamma_{\mu v}{}^\tau \times dx_v/ds \times dx_v/ds)_2$ (Einstein, 1916, S. 802),

bzw. für den anti-allgemeinen Fall in einem übereinstimmenden Punkt von K_1 und K_2

(46c) $d^2 x_\tau/ds^2 = (\Gamma_{\mu v}{}^\tau - \Gamma_{\mu v}{}^\tau)(d^2 x_v/ds^2)/2$ (Einstein, 1916, S. 802).

Verschwinden die $\Gamma_{\mu v}{}^\tau$, bzw. sind diese gleich null, dann wird der bewegte Körper zwischen beiden Gravitationsfeldern von K_1 und K_2 einfach stehen bleiben (neutrale Gravitationsfeldzone), jedoch auch nur praktisch, da er seine Rotationsbewegung beibehalten muss, laut der Gesamtgleichung der Punktbewegung (46b bzw. 46c) und deren Translationsbewegung an einem bestimmten Punkt auf einer weiteren geodätischen Linie mitmachen muss. So werden im anti-allgemeinen Fall Monde als auch Planeten sowie sonstige Himmelsobjekte zwischen zwei Gravitationsfeldern beliebig ausgewählter ponderabler Punktmassen eingefangen. Sind deren Vektorgrößen verschieden, so kommt es zwar auch zu einer nicht-linearen und heterogenen Körperlinienbewegung, jedoch wird diese weniger stark beschleunigt sein in unserem physikalischen Fall aufgrund des zweiten Körpers (hier der Mond), der auch ein anziehendes Gravitationsfeld erzeugt, wodurch es zu einer Veränderung des Winkels, gemessen in Bogensekunden, und Verlangsamung der Geschwindigkeit des Asteroiden bezüglich der Körperkollision auf K_1 (hier die Erde) kommen muss. Habitable Planeten mit einem oder mehreren Monden bieten also gewissen Schutz vor Materiekollisionen.

§ 14. Die Gravitationsfeldgleichungen ohne Anwesenheit der Masse.

Albert Einstein differenzierte nachfolgend hinsichtlich dem „Schwerefeld" sowie der „Masse", und zwar so, dass jeder Punkt im Universum als eine „Masse", und hiervon

Kolek, Erik (2024). Über die physikalischen Grundlagen der interstellaren Raumfahrt. In: *Chroniken der Wirtschaftsinformatik-Physik (CWIP)*. Band 2, Auflagen-Nr. 1.0. ISBN: 9783758387944.

ausgenommen das Schwerefeld nicht (mehr) als eine „Masse", verstanden wird. Demnach ist der Massegedanke nach seiner gewöhnlichen Bedeutung nicht angewendet, da ebenfalls der elektromagnetische Feldbestandteil (Vektorkomponente) des Gravitationsfeldes nicht als eine Masse bezeichnet wird.

Die anschließende Rolle von Albert Einstein war es, die Gravitationsgleichungen des (verbleibenden) Feldes ohne Anwesenheit von Masse abzuleiten. Hierzu nutzte er erneut die gleiche Vorgehensweise wie innerhalb des vorherigen Abschnitts während der Deduktion des Gleichungssystems für die Richtungsbewegung eines Massepunkts. Kein Allgemeinfall, innerhalb dem die aufzustellenden Gravitationsgleichungen offenbar zuzutreffen haben, repräsentiert der Fall der anfänglichen Relativitätstheorie, innerhalb dessen alle $g_{\mu\nu}$ bestimmte unveränderliche Größen aufweisen. Das repräsentiert den Spezialfall innerhalb eines bestimmten, nicht unendlichen Bereichs (mit vier Dimensionen) hinsichtlich einem festgelegten Bezugssystem K_0. In diesem Koordinatensystem lösen sich alle Bestandteile $B_{\mu\sigma\tau}{}^{\varrho}$ des Modelltensors nach Riemann (43) auf (bzw. werden null). Die Riemannschen Tensorbestandteile verlieren sodann auch an Bedeutung hinsichtlich des beobachteten Bereichs und ebenfalls hinsichtlich allen weiteren Körperliniensystemen (Bezugssystemen).

Alle abzuleitenden Gleichungssysteme hinsichtlich des masselosen Schwerefeldes haben demnach offenbar (direkt) eine Wahrheit in sich verborgen, sobald die $B_{\mu\sigma\tau}{}^{\varrho}$ wegfallen. Jedoch stellt diese Relation eine zu umfassend beschriebene Gleichung dar. Da es leicht zu verstehen sein sollte, dass beispielweise ein Schwerefeld im Umfeld eines Materiepunkts auf keinen Fall mittels irgendeiner Auswahl eines Bezugssystems „nulltransformierbar" ist, das bedeutet hinsichtlich eines Spezialfalls gleichbleibender $g_{\mu\nu}$ transformierbar ist.

Daher ist die Ableitung nachvollziehbar, hinsichtlich dem masselosen Schwerefeld die Elimination des *nicht anti-symmetrischen* Modelltensors $B_{\mu\nu}$ aus dem Riemanntensor $B_{\mu\sigma\tau}{}^{\varrho}$ durchzuführen. Allgemein ergeben sich nach dieser Methode 10

Kolek, Erik (2024). Über die physikalischen Grundlagen der interstellaren Raumfahrt. In: *Chroniken der Wirtschaftsinformatik-Physik (CWIP)*. Band 2, Auflagen-Nr. 1.0. ISBN: 9783758387944.

Gleichungssysteme hinsichtlich der 10 Werte $g_{\mu\nu}$, die für den speziellen Fall gelten, falls alle $B_{\mu\sigma\tau}{}^{\varrho}$ wegfallen. Die Gravitationsgleichungen heißen unter Berücksichtigung von (44) hinsichtlich der von Albert Einstein festgelegten Auswahl des Bezugssystems hinsichtlich dem masselosen Feldbereich (mit vier Dimensionen)

$$(47) \quad \left\{ \begin{array}{l} \Omega\Gamma_{\mu\nu}{}^{\alpha}/\Omega x_{\alpha} + \Gamma_{\mu\beta}{}^{\alpha}\Gamma_{\nu\alpha}{}^{\beta} = 0 \\ \sqrt{-g} = 1 \end{array} \right. \qquad \text{(Einstein, 1916, S. 803).}$$

An dieser Stelle hat der Hinweis verknüpfend zu erfolgen, so dass mit dieser Auswahl von Gleichungssystemen eine kleinstmögliche Einschränkung (Limitation) entsteht. Da kein Modelltensor mit Rang 2 zusätzlich zu $B_{\mu\nu}$ existiert, welcher mithilfe der $g_{\mu\nu}$ sowie den dazugehörigen Deduktionen gestaltet werden kann, daher höhere Ableitungen dritten Grades fehlen und die (aufgestellten) Ableitungen zweiten Grades geradlinig sind. Diese minimale Beliebigkeit in den Gravitationsfeldgleichungen (47) kann sonst lediglich hinsichtlich des Modelltensors $B_{\mu\nu} + \lambda g_{\mu\nu}(g^{\alpha\beta}B_{\alpha\beta})$ angenommen werden, worin λ die Unveränderliche repräsentiert. Wird allgemein aber dieser Ausdruck $= 0$ gesetzt, dann wird allgemein zurück auf die Gleichungssysteme $B_{\mu\nu} = 0$ geschlossen (bzw. diese Formulierung wird allgemein rückwärts erneut gefunden).

Die Gravitationsfeldgleichungen (47) erfüllen eine Bedingung gemäß der allgemeinen Relativitätstheorie, die mithilfe einer völlig mathematischen Methode ineinander übergehende Gleichungssysteme verbunden mit den Bewegungskörpersystemen (46) verlangt, die als eine erste Instanz dem Attraktionsgesetz von Newton gleicht. Als eine zweite Instanz den Grund für die von Leverrier gefundenen (gemäß Integration von Fehlerberichtigungen zurückgebliebenen) Perihelellipsenbewegung des Planeten Merkur erklärt, das hatte laut der Meinung von Albert Einstein ein überzeugender Beweis für die physikalische Wahrheit seiner Theorie zu sein.

Bezüglich der anti-allgemeinen Relativitätstheorie von Erik Kolek bleiben Albert Einsteins Gravitationsgleichungen (47) unverändert, da diese hinsichtlich einem masselosen Feld abgeleitet sind. Das bedeutet, dass auch für unser Beispiel Erde und Mond (K_1 und K_2) dieses grundlegende eigentlich massefreie (auch elektromasselose)

Kolek, Erik (2024). Über die physikalischen Grundlagen der interstellaren Raumfahrt. In: *Chroniken der Wirtschaftsinformatik-Physik (CWIP)*. Band 2, Auflagen-Nr. 1.0. ISBN: 9783758387944.

jedoch trotzdem gravitationserzeugende Feld bestehen bleibt, weil sich die Bezugskörper gemäß der allgemeinen Relativitätstheorie von Albert Einstein immer innerhalb dieses Gravitationsfeldes und auf geodätischen, also nicht-linearen und heterogenen, Linien (Umlaufkurven) in unserem Universum bewegen müssen; ansonsten würden Newton, Leverrier und Albert Einstein in ihren Theorien über die Körpermechanik falsch liegen, das ist jedoch schon allein durch die bestätigte Perihelbewegung von Merkur ausgeschlossen. Ich bin, wie eben beschrieben derselben Meinung wie Albert Einstein, wodurch die anti-allgemeine Relativitätstheorie als eine Vervollständigung (Folge) der allgemeinen Relativitätstheorie ebenfalls einer Korrektheit gemäß der Physik gleichen muss.

§ 15. Die das Schwerefeld bestimmende Eigenschaft nach Hamilton, Energieimpulssatz.

Als Evaluation dafür, dass Albert Einsteins Gravitationsfeldgleichungen den Energieimpulssatz erfüllen, erscheint das für die Ableitung am leichtesten zu sein, diese gemäß der nachfolgenden Ausdruckweise nach Hamilton (erneut) auszuformulieren:

$$\delta\{\textstyle\int H d\tau\} = 0$$

$$(47a) \quad \left\{ \quad H = g^{\mu\nu}\Gamma_{\mu\beta}{}^{\alpha}\Gamma_{\nu\alpha}{}^{\beta} \right.$$

$$\sqrt{-g} = 1 \qquad \text{(Einstein, 1916, S. 804)}.$$

Hier lösen sich alle Abweichungen (Divergenzen, Variationen) an allen Bereichsgrenzen des angeschauten endlosen Integrations(zeit)raums mit vier Dimensionen auf; (das Gravitationsfeld existiert also konstant überall im Universum).

Zuerst muss bewiesen werden, dass der Ausdruck (47a) äquivalent (analog, gleich) ist bezüglich der vorherigen Schreibweise der Gravitationsfeldgleichungen, die in (47) gegeben ist. Deswegen übernahm Albert Einstein H als eine Eigenschaft aller $g_{\mu\nu}$ als auch aller

Kolek, Erik (2024). Über die physikalischen Grundlagen der interstellaren Raumfahrt. In: *Chroniken der Wirtschaftsinformatik-Physik (CWIP)*. Band 2, Auflagen-Nr. 1.0. ISBN: 9783758387944.

$g^{\mu\nu}{}_{\sigma} = (= \Omega g^{\mu\nu}/\Omega x_{\sigma})$ (Einstein, 1916, S. 804).

Darauf entspricht zuerst

$$\delta H = \delta g^{\mu\nu}\Gamma_{\mu\beta}{}^{\alpha}\Gamma_{\nu\alpha}{}^{\beta} + 2g^{\mu\nu}\Gamma_{\mu\beta}{}^{\alpha}\Gamma_{\nu\alpha}{}^{\beta}$$
$$= -\,\delta g^{\mu\nu}\Gamma_{\mu\beta}{}^{\alpha}\Gamma_{\nu\alpha}{}^{\beta} + \delta(g^{\mu\nu}\Gamma_{\nu\alpha}{}^{\beta})2\Gamma_{\mu\beta}{}^{\alpha} \text{ (Einstein, 1916, S. 804).}$$

Jetzt gleicht jedoch

$$\delta(g^{\mu\nu}\Gamma_{\nu\alpha}{}^{\beta}) = -\,1/2\delta[g^{\mu\nu}g^{\beta\lambda}(\Omega g_{\nu\lambda}/\Omega x_{\alpha} + \Omega g^{\alpha\lambda}/\Omega x_{\nu} - \Omega g_{\alpha\nu}/\Omega x_{\lambda})] \text{ (Einstein, 1916, S. 804).}$$

Innerhalb der Rundklammer auf der rechten Seite haben die zwei an letzter Stelle stehenden Glieder unterschiedliche vorstehende Symbole und weichen (aufgrund des jeweiligen Vorzeichens) voneinander ab, weil die Schreibweise der Summenangaben sich frei auswählbar darstellt, die aufgrund des Austauschs der Angaben von μ sowie β jeweils mit λ entstehen. Diese lösen sich gegenseitig in der Gleichung hinsichtlich δH auf, da diese mit dem hinsichtlich der Angaben μ sowie β *nicht anti-symmetrischen* Wert $\Gamma_{\mu\beta}{}^{\alpha}$ eine Multiplikation erfahren. Daher muss lediglich der in der Rundklammer an erster Stelle stehende Term bedacht werden, damit allgemein unter Berücksichtigung von (31) folgt

$$\delta H = -\,\delta g^{\mu\nu}\Gamma_{\mu\beta}{}^{\alpha}\Gamma_{\nu\alpha}{}^{\beta} - \delta g^{\mu\beta}{}_{\alpha}I^{\alpha}{}_{\mu\beta} \text{ (Einstein, 1916, S. 805).}$$

Nun gleicht demnach

$$(48) \quad \left\{ \begin{array}{l} \Omega H/\Omega g^{\mu\nu} = - \\ \Gamma_{\mu\beta}{}^{\alpha}\Gamma_{\nu\alpha}{}^{\beta} \\ \Omega H/\Omega g^{\mu\nu}{}_{\sigma} = \Gamma_{\mu\nu}{}^{\sigma} \end{array} \right. \text{(Einstein, 1916, S. 805).}$$

Nach einer Durchführung einer Substitution (Variation, Veränderung) in (47a) folgt zuerst die Gleichung

$$(47b) \quad \Omega/\Omega x_{\alpha}(\Omega H/\Omega g^{\mu\nu}{}_{\alpha}) - \Omega H/\Omega g^{\mu\nu} = 0 \text{ (Einstein, 1916, S. 805),}$$

Kolek, Erik (2024). Über die physikalischen Grundlagen der interstellaren Raumfahrt. In: *Chroniken der Wirtschaftsinformatik-Physik (CWIP)*. Band 2, Auflagen-Nr. 1.0. ISBN: 9783758387944.

die aufgrund von (48) mit der Gleichung (47) koinzident ist, das evaluiert werden musste. – Wird allgemein (47b) mit den $g^{\mu\nu}{}_\sigma$ multipliziert, dann resultiert allgemein, da

$$\Omega g^{\mu\nu}{}_\sigma/\Omega x_\alpha = \Omega g^{\mu\nu}{}_\alpha/\Omega x_\sigma \text{ (Einstein, 1916, S. 805)}$$

sowie folgend

$$g^{\mu\nu}{}_\sigma \times \Omega/\Omega x_\alpha(\Omega H/\Omega g^{\mu\nu}{}_\alpha) = \Omega/\Omega x_\alpha(g^{\mu\nu}{}_\sigma \times \Omega H/\Omega g^{\mu\nu}{}_\alpha) - \Omega H/\Omega g^{\mu\nu}{}_\alpha \times \Omega g^{\mu\nu}{}_\alpha/\Omega x_\alpha$$
(Einstein, 1916, S. 805)

das Gleichungssystem

$$\Omega/\Omega x_\alpha(g^{\mu\nu}{}_\sigma \times \Omega H/\Omega g^{\mu\nu}{}_\alpha) - \Omega H/\Omega x_\sigma = 0 \text{ (Einstein, 1916, S. 805)}$$

beziehungsweise (in der Gleichung wird – $2\varkappa$ als ein Faktor eingeführt, die Begründung hierfür soll an späterer Stelle nachvollziehbar sein.)

$$(49) \quad \left\{ \begin{array}{l} \Omega t^\alpha{}_\sigma/\Omega x_\alpha = 0 \\[2mm] -2\varkappa t^\alpha{}_\sigma = g^{\mu\nu}{}_\sigma \times \Omega H/\Omega g^{\mu\nu}{}_\alpha - \delta^\alpha{}_\sigma H \end{array} \right. \text{ (Einstein, 1916, S. 805),}$$

beziehungsweise, aufgrund (48), dem an zweiter Stelle stehenden Gleichungssystem von (47) sowie (34)

$$(50)\ \varkappa t^\alpha{}_\sigma = 1/2 \times \delta^\alpha{}_\sigma g^{\mu\nu}\Gamma_{\mu\beta}{}^\alpha\Gamma_{\nu\alpha}{}^\beta - g^{\mu\nu}\Gamma_{\mu\beta}{}^\alpha\Gamma_{\nu\sigma}{}^\beta \text{ (Einstein, 1916, S. 806).}$$

Zu lernen gilt, dass $t^\alpha{}_\sigma$ keinen Modelltensor repräsentiert; dafür ist (49) gültig hinsichtlich jedem Bezugssystem, bei dem $\sqrt{-g} = 1$ zutrifft. Das Gleichungssystem beschreibt hinsichtlich des Schwerefeldes den damit verbundenen Energieerhaltungssatz und Impulserhaltungssatz. Tatsächlich bringt eine Zusammenführung (Integrierung) dieses Gleichungssystems mithilfe eines Volumens V mit drei Dimensionen folgende vier Gleichungssysteme

$$(49a)\ d/dx_4\{\textstyle\int t_\sigma{}^4 dV\} = \int(t_\sigma{}^1\alpha_1 + t_\sigma{}^2\alpha_2 + t_\sigma{}^3\alpha_3)dS \text{ (Einstein, 1916, S. 806),}$$

Kolek, Erik (2024). Über die physikalischen Grundlagen der interstellaren Raumfahrt. In: *Chroniken der Wirtschaftsinformatik-Physik (CWIP)*. Band 2, Auflagen-Nr. 1.0. ISBN: 9783758387944.

worin α_1 bis α_3 den Kosinus der Verlaufsrichtung einer innenliegend gewölbten Gerade hinsichtlich der Grenze des Oberflächenelements (Modellvektors) mit dem Wert dS (nach der Geometrie von Euklid) angeben. Allgemein ist darin die Gleichung hinsichtlich der Erhaltungsaxiome in übereinstimmender Darstellung zu finden. Alle Werte t_σ^α nannte Albert Einstein „Energiebestandteile" des Schwerefeldes.

Albert Einstein wollte jetzt das Gleichungssystem (47) ferner als eine dritte Ableitung notieren, welche ein lebensechtes Verständnis für ihn hinsichtlich des Betrachtungsgegenstands (Gravitationsfeld) sehr unterstützt. Werden die Gravitationsgleichungen (47) multipliziert mit den $g^{v\sigma}$ gestalten sich diese allgemein transformiert um in einen „vermischten" Ausdruck. Allgemein zu berücksichtigen ist

$$g^{v\sigma} \times \Omega\Gamma_{\mu v}{}^\alpha/\Omega x_\alpha = \Omega/\Omega x_\alpha \times (g^{v\sigma}\Gamma_{\mu v}{}^\alpha) - \Omega g^{v\sigma}/\Omega x_\alpha \times \Gamma_{\mu v}{}^\alpha \text{ (Einstein, 1916, S. 806),}$$

deren Wert aufgrund (34) analog ist zu

$$\Omega/\Omega x_\alpha(g^{v\sigma}\Gamma_{\mu v}{}^\alpha) - g^{v\beta}\Gamma_{\alpha\beta}{}^\sigma\Gamma_{\mu v}{}^\alpha - g^{\sigma\beta}\Gamma_{\beta\alpha}{}^v\Gamma_{\mu v}{}^\alpha \text{ (Einstein, 1916, S. 806),}$$

beziehungsweise (anschließend sobald die Bezeichnung der Summenangaben verändert wurde) analog ist zu

$$\Omega/\Omega x_\alpha(g^{\sigma\beta}\Gamma_{\mu\beta}{}^\alpha) - g^{mn}\Gamma_{m\beta}{}^\sigma\Gamma_{n\mu}{}^\beta - g^{v\sigma}\Gamma_{\mu\beta}{}^\alpha\Gamma_{v\alpha}{}^\beta \text{ (Einstein, 1916, S. 806).}$$

Der letzte Term in dieser Gleichung löst sich auf durch den erscheinenden Term, der durch den Term, der an zweiter Stelle innerhalb der Gravitationsgleichungen (47) steht entsteht; für den Austausch dieses zweiten Terms desselben Satzes kann eine Relation zu (50) gesetzt werden ($t = t_\alpha^\alpha$).

$$\varkappa(t_\mu^\sigma - 1/2 \times \delta_\mu^\sigma t) \text{ (Einstein, 1916, S. 806)}$$

Allgemein entsteht demnach anstatt des Gleichungssystems (47)

$$(51) \quad \left\{ \begin{array}{c} \Omega/\Omega x_\alpha(g^{\sigma\beta}\Gamma_{\mu\beta}{}^\alpha) = -\varkappa(t_\mu^\sigma - 1/2 \times \delta_\mu^\sigma t) \\ \sqrt{-g} = 1 \end{array} \right. \text{ (Einstein, 1916, S. 806).}$$

Kolek, Erik (2024). Über die physikalischen Grundlagen der interstellaren Raumfahrt. In: *Chroniken der Wirtschaftsinformatik-Physik (CWIP)*. Band 2, Auflagen-Nr. 1.0. ISBN: 9783758387944.

Für den *anti-allgemeinen Fall* in dem sich (mindestens) zwei (oder mehr) Gravitationsfelder gegenseitig beeinflussen können, gilt analog zu (51) entsprechend das Additionsergebnis

$$(51a) \quad \left\{ \begin{array}{l} 2[\Omega/\Omega x_\alpha(g^{\sigma\beta}\Gamma_{\mu\beta}{}^\alpha)] = -\,2\varkappa(t_\mu{}^\sigma - 1/2 \times \delta_\mu{}^\sigma t) \\[4pt] 2\sqrt{-g} = 2 \end{array} \right. \qquad \text{(Einstein, 1916, S. 806).}$$

Die Anzahl der Gravitationsfelder hat nach (51a) keinen Einfluss auf die Erfüllung des Energieimpulssatzes durch die Gravitationsfeldgleichungen von Albert Einstein (51); der Energieimpulssatz ist demnach auch zwischen (mindestens) zwei (oder mehr) Gravitationsfeldern in der *anti-allgemeinen Relativitätstheorie* erfüllt.

Natürlich kann der momentane Energieimpulssatz im *anti-allgemeinen Fall* von unterschiedlich starken Gravitationsfeldern abhängen bzw. verschieden wirken und trotzdem stets erfüllt sein.

$$(51b) \quad \left\{ \begin{array}{l} \Omega/\Omega x_\alpha(g^{\sigma\beta}\Gamma_{\mu\beta}{}^\alpha) \neq \Omega/\Omega x_\alpha(g^{\sigma\beta}\Gamma_{\mu\beta}{}^\alpha) \\[4pt] -\,\varkappa(t_\mu{}^\sigma - 1/2 \times \delta_\mu{}^\sigma t) \neq -\,\varkappa(t_\mu{}^\sigma - 1/2 \times \\[4pt] \qquad \delta_\mu{}^\sigma t) \\[4pt] \sqrt{-g} = 1 \end{array} \right. \qquad \text{(Einstein, 1916, S. 806).}$$

§ 16. Generalisierte Versionen der Gravitationsfeldgleichungen.

Alle abgeleiteten Gravitationsfeldgleichungen aus dem letzten Abschnitt mit Geltung für den masselosen Raum müssen mit Newtons Gravitationstheoriegleichung

$$\Delta\varphi = 0 \quad \text{(Einstein, 1916, S. 807)}$$

verglichen werden. Albert Einstein musste die Feldgleichungen finden, die dem Poissonschen Gleichungssystem

$$\Delta\varphi = 4\pi\varkappa\varrho \quad \text{(Einstein, 1916, S. 807)}$$

gleicht, denn hierbei kennzeichnet ϱ die Massendichte.

Kolek, Erik (2024). Über die physikalischen Grundlagen der interstellaren Raumfahrt. In: *Chroniken der Wirtschaftsinformatik-Physik (CWIP)*. Band 2, Auflagen-Nr. 1.0. ISBN: 9783758387944.

Das Resultat aus der speziellen Relativitätstheorie, also dass die Massenträgheit der Massenenergie gleicht, hat ihre vollendete mathematikbasierte Darstellungsweise in einem *nicht anti-symmetrischen* Modelltensor mit dem Rang 2, einem Energiemodelltensor. Albert Einstein führte deswegen ebenfalls innerhalb der allgemeinen Relativitätstheorie den Energiemodelltensor für die Masse $T_\sigma^{\ \alpha}$ ein, welcher gleich den Energiemodelbestandteilen $t_\sigma^{\ \alpha}$ [Gleichungssysteme (49) sowie (50)] eines Schwerefeldes vermischte Eigenschaft aufweisen soll, jedoch einem *nicht anti-symmetrischen* kovarianten Modelltensor zugeordnet ist. Ausgewählte *nicht anti-symmetrische* Modelltensoren sind $g_{\sigma\tau}T_\sigma^{\ \alpha} = T_{\sigma\tau}$ sowie $g^{\sigma\beta}T_\sigma^{\ \alpha} = T^{\alpha\beta}$.

Die einzig sinnvolle Integration des Energiemodelltensors (übereinstimmend mit der Materiedichte ϱ aus dem Poissonschen Gleichungssystem) in alle Gravitationsfeldgleichungen schult die Gleichung (51). Wird allgemein beispielsweise ein komplettes Bezugssystem (wie unser Sonnensystem) untersucht, dann muss die gesamte Systemmasse, demnach ebenfalls die Gesamtgravitationswirkung, hinsichtlich der Gesamtsystemenergie, demnach von der Massenenergie sowie Gravitationsfeldenergie gemeinsam, abhängig sein. Das soll hierdurch beschrieben werden können, dass allgemein innerhalb (51) anstatt der Energiemodelbestandteile $t_\mu^{\ \sigma}$ eines Schwerefeldes, nur die Summierungen $t_\mu^{\ \sigma} + T_\mu^{\ \sigma}$ aller Energiemodelbestandteile hinsichtlich Materiefeld und Schwerefeld integriert sind. Allgemein entsteht entsprechend anstelle (51) die Modelltensorgleichung

$$\Omega/\Omega x_\alpha(g^{\sigma\beta}\Gamma_\mu^{\ \alpha}{}_\beta) = -\varkappa[(t_\mu^{\ \sigma} + T_\mu^{\ \sigma}) - 1/2 \times$$

$$(52) \quad \{ \qquad\qquad \delta_\mu^{\ \sigma}(t + T)]$$

$$\sqrt{-g} = 1 \qquad\qquad \text{(Einstein, 1916, S. 807),}$$

wobei hier $T = T_\mu^{\ \mu}$ angenommen wird (Invariante nach Laue). Diese entsprechen den aufzufindenden allgemeinen Gravitationsfeldgleichungen mit vermischtem Charakter. Anstatt (47) erhält man hieraus rückblickend folgendes Gleichungssystem

Kolek, Erik (2024). Über die physikalischen Grundlagen der interstellaren Raumfahrt. In: *Chroniken der Wirtschaftsinformatik-Physik (CWIP)*. Band 2, Auflagen-Nr. 1.0. ISBN: 9783758387944.

$$(53) \quad \left\{ \begin{array}{l} \Omega\Gamma_\mu{}^\alpha{}_\nu/\Omega x_\alpha + \Gamma_\mu{}^\alpha{}_\beta\Gamma_\nu{}^\beta{}_\alpha = -\varkappa(T_{\mu\nu} - 1/2 \\ \qquad\qquad\qquad \times g_{\mu\nu}T) \\ \sqrt{-g} = 1 \end{array} \right. \qquad \text{(Einstein, 1916, S. 808).}$$

Eine Beschränkung allerdings ist, dass die vorherige Integration des Energiemodelltensors für die Masse nur mittels dem Relativitätsgrundsatz keine (ausreichende) Fundierung innehat; daher musste Albert Einstein diese zuvor anhand der Bedingung aufstellen {beweisen}, so dass die Feldenergie der Gravitation gleichförmig gravitiert, genauso wie alle anderen Arten von Feldenergien (zum Beispiel der Materie). Die wichtigste Begründung hinsichtlich der Auswahl der vorherigen Gleichungssysteme besteht jedoch hierin, dass diese als eine Folge bewirken, dass hinsichtlich der Bestandteile der Gesamtenergie die Impuls- und Energieerhaltungsgleichung gültig sind, die mit den Gleichungssystemen (49) sowie (49a) exakt übereinstimmen. Das wird im nächsten Abschnitt beschrieben.

Ab zwei oder mehr Gravitationsfeldern gilt also nach der *anti-allgemeinen Relativitätstheorie* analog der Erläuterungen des vorherigen und Abschnitt 16

$$(53a) \quad \left\{ \begin{array}{l} \Omega\Gamma_\mu{}^\alpha{}_\nu/\Omega x_\alpha + \Gamma_\mu{}^\alpha{}_\beta\Gamma_\nu{}^\beta{}_\alpha \neq \Omega\Gamma_\mu{}^\alpha{}_\nu/\Omega x_\alpha + \\ \qquad\qquad\qquad \Gamma_\mu{}^\alpha{}_\beta\Gamma_\nu{}^\beta{}_\alpha \\ -\varkappa(T_{\mu\nu} - 1/2 \times g_{\mu\nu}T) \neq -\varkappa(T_{\mu\nu} - 1/2 \times \\ \qquad\qquad\qquad g_{\mu\nu}T) \\ \sqrt{-g} = 1 \end{array} \right. \qquad \text{(Einstein, 1916, S. 808).}$$

§ 17. Die Erhaltungsgleichungen für den Allgemeinfall.

Das Gleichungssystem (52) kann einfach entsprechend umgestaltet werden, so dass der zweite Term gegenüber der linken Seite aufgelöst wird. Dazu muss (52) hinsichtlich der Angaben μ sowie σ verkürzt sowie das entsprechend bekommene Ergebnis mit $1/2\delta_\mu{}^\sigma$ malgenommene Gleichungssystem von (52) abgezogen werden. Daraus folgt

Kolek, Erik (2024). Über die physikalischen Grundlagen der interstellaren Raumfahrt. In: *Chroniken der Wirtschaftsinformatik-Physik (CWIP)*. Band 2, Auflagen-Nr. 1.0. ISBN: 9783758387944.

$$(52a) \qquad \Omega/\Omega x_\alpha(g^{\sigma\beta}\Gamma_{\mu}{}^{\alpha}{}_{\beta} - 1/2 \times \delta_{\mu}{}^{\sigma}g^{\lambda\beta}\Gamma_{\lambda}{}^{\alpha}{}_{\beta}) = -\varkappa(t_{\mu}{}^{\sigma} + T_{\mu}{}^{\sigma}) \text{ (Einstein, 1916, S. 808).}$$

Auf dieses Gleichungssystem wendete Albert Einstein die Prozedur $\Omega/\Omega x_\sigma$ an. Nun folgt

$$\Omega^2/\Omega x_\alpha\Omega x_\sigma(g^{\sigma\beta}\Gamma_{\mu}{}^{\alpha}{}_{\beta})$$

$$= -1/2 \times \Omega^2/\Omega x_\alpha\Omega x_\sigma[g^{\sigma\beta}g^{\alpha\lambda}(\Omega g_{\mu\lambda}/\Omega x_\beta + \Omega g_{\beta\lambda}/\Omega x_\mu - \Omega g_{\mu\beta}/\Omega x_\lambda)] \text{ (Einstein, 1916, S. 808).}$$

Der erste sowie der dritte Ausdruck in der rundlichen Klammer bewirken Ergebnisse, welche sich gegenseitig auflösen. Dies wird ersichtlich, sobald allgemein innerhalb des Ergebnisses im dritten Ausdruck (in der eckigen Klammer) alle Summierungsangaben α sowie σ auf der einen Seite, β sowie λ auf der anderen Seite ausgetauscht werden. Der Ausdruck auf der rechten Seite kann gemäß (31) umgeformt werden, daraus folgt

$$(54) \quad \Omega^2/\Omega x_\alpha\Omega x_\sigma(g^{\sigma\beta}\Gamma_{\mu}{}^{\alpha}{}_{\beta}) = 1/2 \times \Omega^3 g^{\alpha\beta}/\Omega x_\alpha\Omega x_\beta\Omega x_\mu \text{ (Einstein, 1916, S. 808).}$$

Der an zweiter Stelle stehende Ausdruck gegenüber der rechten Seite aus (52a) ergibt vorübergehend

$$- 1/2 \times \Omega^2/\Omega x_\alpha\Omega x_\mu(g^{\lambda\beta}\Gamma_{\lambda}{}^{\alpha}{}_{\beta}) \text{ (Einstein, 1916, S. 808)}$$

beziehungsweise

$$1/4 \times \Omega^2/\Omega x_\alpha\Omega x_\mu[g^{\lambda\beta}g^{\alpha\delta}(\Omega g_{\delta\lambda}/\Omega x_\beta + \Omega g_{\delta\beta}/\Omega x_\lambda - \Omega g_{\lambda\beta}/\Omega x_\delta)] \text{ (Einstein, 1916, S. 809).}$$

Der aus dem letztplatzierten Ausdruck aus der runden Klammer stammende Ausdruck löst sich auf aufgrund (29) während einer von Albert Einstein vorgenommenen Koordinatenpunktauswahl. Alle zwei verbleibenden Glieder können zusammengefasst werden sowie bringen aufgrund (31) gemeinsam

$$- 1/2 \times \Omega^3 g^{\alpha\beta}/\Omega x_\alpha\Omega x_\beta\Omega x_\mu \text{ (Einstein, 1916, S. 809),}$$

Kolek, Erik (2024). Über die physikalischen Grundlagen der interstellaren Raumfahrt. In: *Chroniken der Wirtschaftsinformatik-Physik (CWIP)*. Band 2, Auflagen-Nr. 1.0. ISBN: 9783758387944.

unter Berücksichtigung von (54) folgende Analogie

(55) $\Omega^2/\Omega x_\alpha \Omega x_\sigma(g^{\sigma\beta}\Gamma_\mu{}^\alpha{}_\beta - 1/2 \times \delta_\mu{}^\sigma g^{\lambda\beta}\Gamma_\lambda{}^\alpha{}_\beta) \equiv 0$ (Einstein, 1916, S. 809).

Mithilfe (55) sowie (52a) entsteht die Folge

(56) $\Omega(t_\mu{}^\sigma + T_\mu{}^\sigma)/\Omega x_\sigma = 0$ (Einstein, 1916, S. 809).

Anhand der Gravitationsfeldgleichungen von Albert Einstein kann demnach erkannt werden, dass diese dem Impuls- und Energieerhaltungssatz entsprechen. Allgemein kann das am leichtesten mit der Untersuchung eingesehen werden, welche zum Gleichungssystem (49a) lenkt; hier sind allgemein lediglich anstatt aller Energiemodelbestandteile $t_\mu{}^\sigma$ eines Schwerefeldes die Totalenergiebestandteile hinsichtlich des Massenfeldes sowie Schwerefeldes zu etablieren. Es entsteht so allgemein

(49b) $d/dx_4\{\int T_\sigma{}^4 dV\} = \int(T_\sigma{}^1\alpha_1 + T_\sigma{}^2\alpha_2 + T_\sigma{}^3\alpha_3)dS$ (Einstein, 1916, S. 806).

Dasselbe wie im Vorherigen beschrieben gilt auch für den *Anti-Allgemeinfall*, denn auch hier ist der Impuls- und Energieerhaltungssatz anhand der Gravitationsfeldgleichungen eingehalten.

(56a) $- \Omega(t_\mu{}^\sigma + T_\mu{}^\sigma)/\Omega x_\sigma = 0$ (Einstein, 1916, S. 809).

§ 18. Die Folge der Gravitationsfeldgleichungen gleicht dem Impulsenergieaxiom hinsichtlich der Masse.

Wird (53) vervielfacht mittels $\Omega g^{\mu\nu}/\Omega x_\sigma$, dann entsteht allgemein durch die im Abschnitt 15 angewandte Methode unter Berücksichtigung der Auflösung hinsichtlich

$g_{\mu\nu}(\Omega g^{\mu\nu}/\Omega x_\sigma)$ (Einstein, 1916, S. 809)

das Gleichungssystem

$\Omega t_\sigma{}^\alpha/\Omega x_\alpha + 1/2 \times (\Omega g^{\mu\nu}/\Omega x_\sigma)T_{\mu\nu} = 0$ (Einstein, 1916, S. 809),

Kolek, Erik (2024). Über die physikalischen Grundlagen der interstellaren Raumfahrt. In: *Chroniken der Wirtschaftsinformatik-Physik (CWIP)*. Band 2, Auflagen-Nr. 1.0. ISBN: 9783758387944.

beziehungsweise unter Berücksichtigung hinsichtlich (56)

(57) $\Omega T_\sigma^\alpha / \Omega x_\alpha + 1/2 \times (\Omega g^{\mu\nu} / \Omega x_\sigma) T_{\mu\nu} = 0$ (Einstein, 1916, S. 809).

Die Gegenüberstellung von (57) und (41b) veranschaulicht, dass dieses Gleichungssystem aufgrund der vorgenommenen Auswahl hinsichtlich des Koordinatenbezugssystems der Auflösung der Tensorabweichung der Massenenergiebestandteile gleicht. Nach dieser Physik bedeutet ein Zustandekommen des zweitplatzierten Ausdrucks gegenüber der rechten Formelseite, dass hinsichtlich der Masse nur die Impuls- und die Energieerhaltungsaxiome im näheren Sinn ungültig sind, oder lediglich in dem Fall gültig sind, sobald die $g^{\mu\nu}$ gleichförmig erscheinen, das bedeutet sobald die Stärke des Gravitationsfeldes null wird. Der zweitplatzierte Term gleicht einem Bezugssystem hinsichtlich Energie oder Impuls, die mit jedem Zeitstab und jeder Volumenänderung, ausgehend vom Schwerefeld, hinsichtlich der Masse einwirkt. Das wird noch einfacher nachvollziehbar, sobald allgemein anstelle (57) sinngemäß zu (41) formuliert wird

(57a) $\Omega T_\sigma^\alpha / \Omega x_\alpha = - \Gamma_\sigma{}^\alpha{}_\beta T_\alpha^\beta$ (Einstein, 1916, S. 810).

Das rechtsplatzierte Glied ist als der energiebasierte (gleich impulsbasierte) Einfluss des Schwerefeldes hinsichtlich der Masse zu verstehen.

Alle Gravitationsfeldgleichungen beinhalten demnach zur gleichen Zeit vier Forderungen, die das Geschehen der Masse erfüllen muss. Diese ermöglichen alle Gleichungssysteme unseres Massengeschehens zu komplettieren, sobald das Geschehen mittels vier davon nicht abhängigen Differentialgleichungssystemen beschrieben werden kann. Siehe hierzu (Einstein, 1916, S. 810): „D. Hilbert, Nachr. d. K. Gesellsch. d. Wiss. zu Göttingen, Math.-phys. Klasse. p. 3. 1915.“

Dementsprechend kann allgemein eine Umformung zu (57b) vorgenommen werden, um damit folgendes gemäß der Grundlage der *anti-allgemeinen Relativitätstheorie* auszudrücken: Das linksplatzierte Glied ist als der energiebasierte (gleich impulsbasierte) Einfluss des Schwerefeldes hinsichtlich der Masse zu verstehen.

Kolek, Erik (2024). Über die physikalischen Grundlagen der interstellaren Raumfahrt. In: *Chroniken der Wirtschaftsinformatik-Physik (CWIP)*. Band 2, Auflagen-Nr. 1.0. ISBN: 9783758387944.

(57b) $\Gamma_{\sigma}{}^{\alpha}{}_{\beta}T_{\alpha}{}^{\beta} = -\Omega T_{\sigma}{}^{\alpha}/\Omega x_{\alpha}$ (Einstein, 1916, S. 810).

D. Das „massebasierte" Geschehen.

Alle in B gestalteten mathematikbasierten Werkzeuge ermöglichten es Albert Einstein direkt, alle physikbasierten Naturgesetze hinsichtlich von Masse (Wasserdynamik, Elektrodynamik nach Maxwell), so wie diese innerhalb der speziellen Relativitätstheorie ausgedrückt sind, entsprechend eine Verallgemeinerung durchzuführen, so dass diese sich in die *(anti-)allgemeine Relativitätstheorie* einfügen lassen. Hierbei schreibt der *(anti-)allgemeine Relativitätsgrundsatz* natürlich keinerlei zusätzliche Eingrenzung aller Wege vor; jedoch schult dies die Einwirkung des Schwerefeldes auf jedes Geschehen genau nachvollziehbar, dabei vernachlässigend dass irgendeine weitere Annahme hinzuzufügen wäre.

Dieser Konstellation nach ist es möglich, dass hinsichtlich der physikbasierten Naturgesetze der Masse (innerhalb des näheren Sinns) keine zwingend festgelegten Bedingungen hinzuzufügen sind. Vor allem darf die Fragestellung unbeantwortet sein, ob beide Feldtheorien des Elektromagnetismus sowie des Schwerefeldes gemeinsam die zufriedenstellende Grundlage für diese Massentheorie erbringen beziehungsweise ausschließen. Der *(anti-)allgemeine Relativitätsgrundsatz* ermöglichte Albert Einstein hierzu dem Begriff nach keine Erkenntnis. Deswegen ist während der Theorieerweiterung zu prüfen, ob die Elektromagnetlehre sowie Gravitationsmagnetik gemeinsam in der Lage sind ihr Leistungspotenzial einzuhalten, das mit dem Elektromagnetismus separat {undenkbar} keinesfalls erreichbar ist.

§ 19. Gleichungssysteme nach Euler hinsichtlich von reibungsfreien adiabatischen Flüssigmaterien.

Die zwei Invarianten sollen ρ sowie ϱ sein, ausgehend derer Albert Einstein den ersten als „Materiedruck", den letzten als „Materiedichte" der Flüssigmaterie benannte; dazwischen soll ein Gleichungssystem existieren (das die Materiedruckdichte beschreibt). Ein kontravarianter *nicht anti-symmetrischer* Modelltensor

Kolek, Erik (2024). Über die physikalischen Grundlagen der interstellaren Raumfahrt. In: *Chroniken der Wirtschaftsinformatik-Physik (CWIP)*. Band 2, Auflagen-Nr. 1.0. ISBN: 9783758387944.

(58) $T^{\alpha\beta} = -g^{\alpha\beta}\rho + \varrho(dx_\alpha/ds \times dx_\beta/ds)$ (Einstein, 1916, S. 811)

soll den kontravarianten Energiemodelltensor der Flüssigmaterie repräsentieren. Zur Flüssigmaterieenergie wird ein kovarianter Modelltensor zugeordnet

(58a) $T_{\mu\nu} = -g_{\mu\nu}\rho + g_{\mu\alpha}(dx_\alpha/ds)g_{\mu\beta}(dx_\beta/ds)\varrho$ (Einstein, 1916, S. 811),

und ein vermischter Modelltensor (58b) – für den mit der Flüssigmaterie bewegten Betrachter, welcher sich ein Koordinatensystem im endlos Minimalen sinngemäß der speziellen Relativitätstheorie vorstellt, erscheint die Materieenergiedichte $T_4{}^4 = \varrho - \rho$ (bzw. *anti-allgemein* umformuliert $\rho - \varrho = -T_4{}^4$) zu sein. Daraus besteht das festgelegte Verständnis hinsichtlich ϱ. Demnach erscheint ϱ (bzw. ρ) unterschiedlich zu sein hinsichtlich einer nicht-kompressiblen (komprimierbaren) Flüssigmaterie.

(58b) $T_\sigma{}^\alpha = -\delta_\sigma{}^\alpha\rho + g_{\sigma\beta}(dx_\beta/ds \times dx_\alpha/ds)\varrho$ (Einstein, 1916, S. 811).

Wird allgemein das rechtsbefindliche Glied aus (58b) in die Gleichung (57a) eingesetzt, dann sind allgemein aufgestellt nach Euler die flüssigmateriedynamischen Gleichungssysteme der *(anti-)allgemeinen Relativitätstheorie*. Die Gleichungen lassen das Kompressionsproblem (Mechanikschwierigkeit) ausnahmslos verschwinden; da alle vier Gleichungssysteme (57a) gemeinsam mithilfe der zwischen ϱ sowie ρ angenommenen Systemgleichung sowie dem Gleichungssystem

$g_{\alpha\beta}(dx_\alpha/ds \times dx_\beta/ds) = 1$ (Einstein, 1916, S. 811)

ausreichen, wenn $g_{\alpha\beta}$ bekannt ist für die Festlegung von 6 nicht-bekannten Variablen

ρ, ϱ, dx_i/ds (i = 1, 2, 3, 4) (Einstein, 1916, S. 811)

Falls ebenfalls alle $g_{\mu\nu}$ nicht bekannt sind, dann zählen dazu zusätzlich alle Gleichungssysteme (53). Diese entsprechen 11 Systemgleichungen für die Festlegung aller 10 Eigenschaften $g_{\mu\nu}$, damit die Eigenschaften $g_{\mu\nu}$ mehr als ausreichend fixiert sind. Während dieser Bestimmung muss berücksichtigt werden, dass alle Gleichungssysteme (57a) innerhalb der Systeme (53) schon beachtet erscheinen,

Kolek, Erik (2024). Über die physikalischen Grundlagen der interstellaren Raumfahrt. In: *Chroniken der Wirtschaftsinformatik-Physik (CWIP)*. Band 2, Auflagen-Nr. 1.0. ISBN: 9783758387944.

damit diese (53) allein insgesamt 7 nicht abhängige Systeme darstellen. Letztere fehlende Bestimmtheit (Lösbarkeit) besitzt die dazugehörige bekräftigende Begründung hierin, so dass eine weitreichende Unvoreingenommenheit bei der Auswahl aller Punktkoordinaten folgendes bewirkt, wodurch diese Lösungsschwierigkeit mathematikbasiert in einer hohen Dimensionierung {weitreichenden Ausprägung} fortbesteht (bzw. diese Unbestimmtheit weiterhin besteht), so dass drei der Raumeigenschaften willkürlich auswählbar bleiben. Wenn keine Koordinatenauswahl stattfindet nach $-$ g $=$ 1, standen weiterhin *vier* Raumeigenschaften für die willkürliche Auswahl bereit, übereinstimmend mit vier beliebigen Eigenschaften, hinsichtlich derer allgemein während einer Koordinatenauswahl willkürlich entschieden werden darf.

Aus den vorherigen Aussagen ergibt sich die Folge für den kontravarianten symmetrischen Modelltensor aufgrund der hydrodynamischen Gleichungssysteme nach Euler hinsichtlich der *(anti-)allgemeinen Relativitätstheorie*

(58c) $\varrho - \rho = T^{\alpha\beta}/g^{\alpha\beta}$ bzw. $\rho - \varrho = - T^{\alpha\beta}/g^{\alpha\beta}$ (Einstein, 1916, S. 811).

Der zur kontravarianten Energiedichte der Flüssigmaterie gehörige kovariante Modelltensor lautet

(58d) $\varrho - \rho = T_{\mu\nu}/g_{\mu\nu}$ bzw. $\rho - \varrho = - T_{\mu\nu}/g_{\mu\nu}$ (Einstein, 1916, S. 811),

als auch der vermischte Modelltensor

(58e) $\varrho - \rho = T_\sigma{}^\alpha/\delta_\sigma{}^\alpha$ bzw. $\rho - \varrho = - T_\sigma{}^\alpha/\delta_\sigma{}^\alpha$ (Einstein, 1916, S. 811).

§ 20. Elektromagnetische Gleichungen des Vakuumfeldes nach Maxwell.

Die φ_ν sollen die Bestandteile sein, die den kovarianten Vierervektor des Leistungspotenzials des Elektromagnetismus beschreiben. Mithilfe dieser Bestandteile formte Albert Einstein nach (36) alle Bestandteile $F_{\varrho\sigma}$ eines kovarianten Sechsermodellvektors für das Elektromagnetfeld übereinstimmend mit der Gleichung

Kolek, Erik (2024). Über die physikalischen Grundlagen der interstellaren Raumfahrt. In: *Chroniken der Wirtschaftsinformatik-Physik (CWIP)*. Band 2, Auflagen-Nr. 1.0. ISBN: 9783758387944.

(59) $F_{\varrho\sigma} = \Omega\varphi_\varrho/\Omega\varkappa_\sigma - \Omega\varphi_\sigma/\Omega\varkappa_\varrho$ (Einstein, 1916, S. 812).

Die Folge von (59) ist, dass die Gleichung

(60) $\Omega F_{\varrho\sigma}/\Omega\varkappa_\tau + \Omega F_{\sigma\tau}/\Omega\varkappa_\varrho + \Omega F_{\tau\varrho}/\Omega\varkappa_\varrho = 0$ (Einstein, 1916, S. 812)

(60 korrigiert) $\Omega F_{\varrho\sigma}/\Omega\varkappa_\tau + \Omega F_{\sigma\tau}/\Omega\varkappa_\varrho + \Omega F_{\tau\varrho}/\Omega\varkappa_\sigma = 0$ (Einstein, 1916, S. 812)

eingehalten wird, deren linksplatzierten Glieder nach (37) einen *anti-symmetrischen* Modelltensor mit dem Rang 3 repräsentieren. Dem Gleichungssystem (60) sind demnach insgesamt 4 Gleichungssysteme beigeordnet, welche ausformuliert nachfolgend heißen:

$$\text{(60a)} \quad \begin{cases} \Omega F_{23}/\Omega\varkappa_4 + \Omega F_{34}/\Omega\varkappa_2 + \Omega F_{42}/\Omega\varkappa_3 = 0 & \text{(Einstein, 1916, S. 812)} \\ \Omega F_{34}/\Omega\varkappa_1 + \Omega F_{41}/\Omega\varkappa_3 + \Omega F_{13}/\Omega\varkappa_4 = 0 & \text{(Einstein, 1916, S. 812)} \\ \Omega F_{41}/\Omega\varkappa_2 + \Omega F_{12}/\Omega\varkappa_4 + \Omega F_{24}/\Omega\varkappa_1 = 0 & \text{(Einstein, 1916, S. 812)} \\ \Omega F_{12}/\Omega\varkappa_3 + \Omega F_{23}/\Omega\varkappa_1 + \Omega F_{31}/\Omega\varkappa_2 = 0 & \text{(Einstein, 1916, S. 812).} \end{cases}$$

Eine modellphantasievolle Alternative zum vorherigen Gleichungssystem ist:

$$\text{(60aa)} \quad \begin{cases} \Omega F_{14}/\Omega\varkappa_4 + \Omega F_{42}/\Omega\varkappa_2 + \Omega F_{23}/\Omega\varkappa_3 = 0 & \text{(Einstein, 1916, S. 812)} \\ \Omega F_{24}/\Omega\varkappa_1 + \Omega F_{43}/\Omega\varkappa_3 + \Omega F_{31}\Omega\varkappa_4 = 0 & \text{(Einstein, 1916, S. 812)} \\ \Omega F_{34}/\Omega\varkappa_2 + \Omega F_{41}/\Omega\varkappa_4 + \Omega F_{12}/\Omega\varkappa_1 = 0 & \text{(Einstein, 1916, S. 812)} \\ \Omega F_{31}/\Omega\varkappa_3 + \Omega F_{12}/\Omega\varkappa_1 + \Omega F_{23}/\Omega\varkappa_2 = 0 & \text{(Einstein, 1916, S. 812).} \end{cases}$$

Diese Gleichungssysteme (60a und 60aa) gleichen jeweils der zweiten Maxwellschen Gleichung. Allgemein wird das direkt ersichtlich, sobald allgemein gesagt wird

$$\text{(61)} \quad \begin{cases} F_{23} = h_x & F_{14} = e_x & \text{(Einstein, 1916, S. 813)} \\ F_{31} = h_y & F_{24} = e_y & \text{(Einstein, 1916, S. 813)} \\ F_{12} = h_z & F_{34} = e_z & \text{(Einstein, 1916, S. 813).} \end{cases}$$

Darauf ist es möglich anstelle (60a bzw. 60aa) mit der gewohnten Ausdrucksweise für dreidimensionale Vektoruntersuchungen zu formulieren {notieren}

Kolek, Erik (2024). Über die physikalischen Grundlagen der interstellaren Raumfahrt. In: *Chroniken der Wirtschaftsinformatik-Physik (CWIP)*. Band 2, Auflagen-Nr. 1.0. ISBN: 9783758387944.

$$\text{(60b)} \quad \left\{ \begin{array}{ll} \Omega h/\Omega t + \text{rot } e = 0 & \text{(Einstein, 1916, S. 813)} \\ \text{div } h = 0 & \text{(Einstein, 1916, S. 813).} \end{array} \right.$$

Albert Einstein erkannte das erste Bezugssystem nach Maxwell, indem er das durch Minkowski aufgestellte System verallgemeinerte. Er dachte sich einen hinsichtlich $F_{\alpha\beta}$ zugeordneten kontravarianten Sechsermodellvektor

(62) $F^{\mu\nu} = g^{\mu\alpha}q^{\nu\beta}F_{\alpha\beta}$ (Einstein, 1916, S. 813).

hinzu und einen kontravarianten Vierermodellvektor J^μ für die Elektroflussdichte im Vakuum; danach ist es allgemein möglich ein unter Berücksichtigung von (40) gegensätzlich willkürlichen Austauschmöglichkeiten (Substitutionen) hinsichtlich einer Bestimmungszahl (Determinante) 1 (übereinstimmend mit der von Albert Einstein vorgenommenen Punktkoordinatenauswahl) skalare Gleichungsbezugs-system anzuwenden:

(63) $\Omega F^{\mu\nu}/\Omega x_\nu = J^\mu$ (Einstein, 1916, S. 813).

Wird allgemein beispielsweise festgelegt

$$\text{(64)} \quad \left\{ \begin{array}{llll} F^{23} = h_x' & F^{14} = -e_x' & \text{(Einstein, 1916, S. 813)} \\ F^{31} = h_y' & F^{24} = -e_y' & \text{(Einstein, 1916, S. 813)} \\ F^{12} = h_z' & F^{34} = -e_z' & \text{(Einstein, 1916, S. 813),} \end{array} \right.$$

die Werte für den speziellen Fall der speziellen {gelebten anfänglichen} Relativitätstheorie allen Werten $h_x...e_z$ gleichwertig erscheinen, sowie zusätzlich

$J^1 = i_x, J^2 = i_y, J^3 = i_z, J^4 = \varrho$ (Einstein, 1916, S. 813),

dann entsteht allgemein anstatt (63)

$$\text{(63a)} \quad \left\{ \begin{array}{ll} \text{rot } h' - \Omega e'/\Omega t = i & \text{(Einstein, 1916, S. 813)} \\ \text{div } e' = \varrho & \text{(Einstein, 1916, S. 813).} \end{array} \right.$$

Kolek, Erik (2024). Über die physikalischen Grundlagen der interstellaren Raumfahrt. In: *Chroniken der Wirtschaftsinformatik-Physik (CWIP)*. Band 2, Auflagen-Nr. 1.0. ISBN: 9783758387944.

Drei Gleichungssysteme (60, 62 sowie 63) entsprechen demnach in allgemeiner Form den Vakuumfeldgleichungen nach Maxwell durch die durch Albert Einstein vorgenommene Entscheidung hinsichtlich der Punktkoordinatenauswahl.

Alle Energiebestandteile des Elektromagnetfeldes. Albert Einstein ermittelte ein innenliegendes Multiplikationsergebnis (Produkt)

(65) $x_\sigma = F_{\sigma\mu} J^\mu$ (Einstein, 1916, S. 814).

Die dazugehörigen Bestandteile sind nach (61) als dreidimensionale Formgebung

$$x_1 = \varrho e_x + [i, h]_x \qquad \text{(Einstein, 1916, S. 814)}$$

(65a) $\{$

$$\dots\dots\dots\dots \qquad \text{(Einstein, 1916, S. 814)}$$
$$\dots\dots\dots\dots \qquad \text{(Einstein, 1916, S. 814)}$$
$$x_4 = -(i, e) \qquad \text{(Einstein, 1916, S. 814)}.$$

Der kovariante Vierermodellvektor sei x_σ, desselben Bestandteile gleichwertig erscheinen zu der negativen Energie oder dem Impuls, die je Volumen- sowie Zeitstab von der (gesamten) Elektromasse auf das Elektromagnetfeld transferiert wird. Erscheinen die Elektromassen unbeeinflusst, das bedeutet nur der Einwirkung des Elektromagnetfeldes ausgesetzt zu sein, dann muss sich ein kovarianter Vierermodellvektor x_σ auflösen.

Zur Ermittlung der Energiebestandteile $T_\sigma{}^\nu$ des Elektromagnetfeldes, benötigte Albert Einstein lediglich dem Gleichungssystem $x_\sigma = 0$ den Aufbau des Gleichungssystems (57) einzuhalten. Mithilfe (63) sowie (65) bekam er zuerst

$$x_\sigma = F_{\sigma\mu}(\Omega F^{\mu\nu}/\Omega x_\nu) = \Omega/\Omega x_\nu(F_{\sigma\mu}F^{\mu\nu}) - F^{\mu\nu}(\Omega F_{\sigma\mu}/\Omega x_\nu) \text{ (Einstein, 1916, S. 814)}.$$

Der letztplatzierte Ausdruck erlaubt aufgrund (60) eine Umgestaltung

$$F^{\mu\nu}(\Omega F_{\sigma\mu}/\Omega x_\nu) = -1/2 \times F^{\mu\nu}(\Omega F_{\mu\nu}/\Omega x_\sigma) = -1/2 \times g^{\mu\alpha}g^{\nu\beta}F_{\alpha\beta}(\Omega F_{\mu\nu}/\Omega x_\sigma) \text{ (Einstein, 1916,}$$
S. 814),

deren letztplatziertes Glied aufgrund von Symmetrie ebenfalls die Gestalt

Kolek, Erik (2024). Über die physikalischen Grundlagen der interstellaren Raumfahrt. In: *Chroniken der Wirtschaftsinformatik-Physik (CWIP)*. Band 2, Auflagen-Nr. 1.0. ISBN: 9783758387944.

$- 1/4[g^{\mu\alpha}g^{\nu\beta}F_{\alpha\beta}(\Omega F_{\mu\nu}/\Omega x_\sigma) + g^{\mu\alpha}g^{\nu\beta}(\Omega F_{\alpha\beta}/\Omega x_\sigma)F_{\mu\nu}]$ (Einstein, 1916, S. 814)

annehmen darf. Wegen der Symmetrie jedoch kann formuliert werden

$- 1/4 \times \Omega/\Omega x_\sigma(g^{\mu\alpha}g^{\nu\beta}F_{\alpha\beta}F_{\mu\nu}) + 1/4 \times F_{\alpha\beta}F_{\mu\nu}(\Omega/\Omega x_\sigma)(g^{\mu\alpha}g^{\nu\beta})$ (Einstein, 1916, S. 814).

Der allererste der Ausdrücke heißt binnen zusammengefasster Darstellungsweise

$- 1/4 \times \Omega/\Omega x_\sigma(F^{\mu\nu}F_{\mu\nu})$ (Einstein, 1916, S. 814),

der zweitplatzierte (Ausdruck) entsteht durch Berechnung einer Ableitung und etwas Umgestaltung

$- 1/2 \times F^{\mu\nu}F_{\mu\nu}g^{\nu\varrho}(\Omega g_{\sigma\tau}/\Omega x_\sigma)$ (Einstein, 1916, S. 815).

Werden die drei erhaltenen Ausdrücke addiert, dann entsteht allgemein folgende Beziehung

(66) $x_\sigma = \Omega T_\sigma{}^\nu/\Omega x_\nu - 1/2 \times g^{\tau\mu}(\Omega g_{\mu\nu}/\Omega x_\sigma)T_\tau{}^\nu$ (Einstein, 1916, S. 815),

wenngleich

(66a) $T_\sigma{}^\nu = - F_{\sigma\alpha}F^{\nu\alpha} + 1/4 \times \delta_\sigma{}^\nu F_{\alpha\beta}F^{\alpha\beta}$ (Einstein, 1916, S. 815).

Das Gleichungssystem (66) erscheint hinsichtlich gegen null gehende x_σ aufgrund (30) und (57) oder (57a) identisch. Alle $T_\sigma{}^\nu$ entsprechen demnach den Energiebestandteilen eines Elektromagnetfeldes. Mittels (61) sowie (64) wird allgemein einfach nachgewiesen, dass die Energiebestandteile eines Elektromagnetfeldes für den (allgemeinen) Fall der speziellen Relativitätstheorie allen sehr vertrauten Gleichungen nach Maxwell-Pointing entsprechen.

Albert Einstein lagen jetzt alle abgeleiteten Naturgesetze in allgemeinster Form vor, die dem Schwerefeld sowie der Masse entsprechen, dadurch dass er folgerichtig sein Koordinatenbezugssystems nutzte, hinsichtlich dem $\sqrt{-g}$ gleich 1 ist. Er erreichte hierdurch die bedeutende Verallgemeinerung aller Gleichungen sowie Kalkulationen, dabei nicht unterlassend dass er die allgemeine Kovarianzbedingung beachten müsste:

Kolek, Erik (2024). Über die physikalischen Grundlagen der interstellaren Raumfahrt. In: *Chroniken der Wirtschaftsinformatik-Physik (CWIP)*. Band 2, Auflagen-Nr. 1.0. ISBN: 9783758387944.

da er seine Gleichungssysteme entdeckte mittels Ausdifferenzierung (Spezialisierung) seines Koordinatenbezugssystems mithilfe kovariant allgemeinen Gleichungssystemen.

Jedenfalls erscheint eine Fragestellung von formeller Aufmerksamkeit, ob durch eine übereinstimmende verallgemeinerte Festlegung aller Energiebestandteile der Masse sowie des Schwerefeldes ebenfalls verzichtend auf die Differenzierung eines Koordinatenbezugssystems Erhaltungsaxiome in der Form des Gleichungssystems (56) und Gravitationsfeldgleichungen in der Klasse von Gleichungssystemen (52) oder (52a) gültig sind, dergestalt, so dass auf der linken Seite die Abweichung (innerhalb ihres eigentlichen Sinns), auf der rechten Seite eine Addition aller Energiebestandteile der Schwere sowie der Masse geschrieben ist. Albert Einstein hatte entdeckt, dass beide Erhaltungsätze tatsächlich zutreffen. Aber er meinte, dass die Bekanntmachung seiner sehr ausschweifenden Untersuchungen hinsichtlich dieses Gegenstands keinesfalls nutzbringend wäre, weil sich hingegen seiner Annahme keine neue physikalische Erfahrung dadurch ergibt.

E. § 21. Gravitationstheorie von Newton gleicht einer ersten Annäherung. {§ 21. Betrachtungsaspekte hinsichtlich der Ableitung näherungsbasiert gültiger Naturgesetze.}

Was bereits häufig gesagt wurde ist, dass die spezielle Relativitätstheorie für den speziellen Fall der allgemeinen (Relativitätstheorie) hierdurch beschrieben ist, nämlich dass alle $g_{\mu\nu}$ alle gleichbleibenden Größen (4) aufweisen. Das heißt gemäß der letzten Aussage, dass auf die Gravitationseinflüsse vollständig verzichtet wird. Ihre an das Geschehen mehr angelehnte Annäherung (Approximation) ermittelte Albert Einstein, dadurch dass er ein (physikalisches) Szenario untersuchte, in dem alle $g_{\mu\nu}$ hinsichtlich der Größen (4) lediglich nahe hinsichtlich (circa 1) niedrige Werte divergieren, hierbei verzichtete er auf {endlos Minimales} niedrige Werte mit dem Rang zwei sowie höher. (*Der erste Betrachtungsaspekt für die Annäherung.*)

Kolek, Erik (2024). Über die physikalischen Grundlagen der interstellaren Raumfahrt. In: *Chroniken der Wirtschaftsinformatik-Physik (CWIP)*. Band 2, Auflagen-Nr. 1.0. ISBN: 9783758387944.

Zusätzlich wird theoretisiert, dass sich innerhalb der beobachteten (vierdimensionalen) Zeit-Raum-Bereiche alle $g_{\mu\nu}$ innerhalb des endlosen Raums für die übereinstimmende Auswahl aller Punktkoordinaten allen Größen (4) annähern; das bedeutet Albert Einstein beobachtete Schwerefelder, die nur aus dem innerhalb des nicht-endlosen Raums der vorzufindenden Masse hervorgerufen zu beobachten sind.

Allgemein wäre hier und jetzt zuzustimmen, da die vorherigen Ablehnungen {Albert Einstein} zu der Gravitationstheorie von Newton lenken sollten. Stattdessen ist dafür zusätzlich eine annähernde Umgestaltung aller Ausgangssystemgleichungen mithilfe des zweiten {weiteren} Betrachtungsaspekts notwendig. Albert Einstein betrachtete eine Mechanik einer Punktmasse nach dem Gleichungssystem (46). Für das Szenario der speziellen Relativitätstheorie dürfen alle Bestandteile

dx_1/ds, dx_2/ds, dx_3/ds (Einstein, 1916, S. 816)

willkürliche Größen haben {, die einer Forderung $(dx_1/ds)^2 + (dx_2/ds)^2 + (dx_3/ds)^2 < 1$ gleichen (Einstein, Manuskript, S. 54)}; das heißt, willkürliche Schnelligkeiten

$v = \sqrt{(dx_1^2/dx_4 + dx_2^2/dx_4 + dx_3^2/dx_4)}$ (Einstein, 1916, S. 816)

sind möglich, welche niedriger ausfallen im Vergleich zur Lichtbewegungsgeschwindigkeit (v kleiner 1) im Vakuum. Wird allgemein bewusst entschieden sich auf das eigentlich nur durch Erleben (Sehen) bemerkte Szenario einzugrenzen, so dass v hinsichtlich der Lichtbewegung niedrig erscheint, dann heißt das für alle Bestandteile

dx_1/ds, dx_2/ds, dx_3/ds (Einstein, 1916, S. 816) {jeweils $\ll 1$ (Einstein, Manuskript, S. 56)},

dass diese gleich zu niedrigen Werten gedacht werden müssen, obwohl $dx_4/ds = 1$ sein muss ausgenommen Werte nach der zweiten Ableitung. (*Der zweite Betrachtungsaspekt für die Annäherung.*)

Kolek, Erik (2024). Über die physikalischen Grundlagen der interstellaren Raumfahrt. In: *Chroniken der Wirtschaftsinformatik-Physik (CWIP)*. Band 2, Auflagen-Nr. 1.0. ISBN: 9783758387944.

Jetzt setzte Albert Einstein voraus, dass gemäß des ersten Betrachtungsaspekts für die Annäherung alle Werte $\Gamma^\tau_{\mu\nu}$ deren niedrige Werte wenigstens als eine erste Ableitung vorliegen müssen. Die Ansicht von (46) schult demnach, nämlich dass nach diesem Gleichungssystem übereinstimmend mit dem zweiten Betrachtungsaspekt für die Annäherung ausschließlich {das Szenario v gleich μ gleich 4 in Frage kommt} Ausdrücke einbezogen werden müssen, hinsichtlich derer v gleich μ gleich 4 gilt. Für die Eingrenzung von Ausdrücken kleinster {allererster} Ableitung {bezugnehmend auf die zwei Betrachtungsaspekte} werden allgemein als Ersatz für (46) anfangs folgende Gleichungssysteme aufgestellt

$d^2x_\tau/dt^2 = \Gamma^\tau_{44}$ (Einstein, 1916, S. 817),

worin *dt* gleich *dx₄* gleich *ds* gilt, bzw. mit Rücksicht hinsichtlich der Ausdrücke, welche gemäß des ersten Betrachtungsaspekts für die Annäherung als erste Ableitung vorliegen:

$\{d^2x_\tau/dt^2 = [44; 1] + [44; 2] + [44; 3] - [44; 4]$ (Einstein, Manuskript, S. 56)$\}$

$d^2x_\tau/dt^2 = [44; \tau]$ $(\tau = 1, 2, 3)$ (Einstein, 1916, S. 817)

$d^2x_4/dt^2 = - [44; \tau]$ (Einstein, 1916, S. 817).

Wird allgemein zusätzlich angenommen, ein Schwerefeld existiere als ein minimal dynamisches, dadurch dass allgemein eine Eingrenzung auf das Szenario stattfindet, so dass eine Masse, welche ein Schwerefeld bewirkt, lediglich gemächlich (verglichen anhand einer Geschwindigkeit der Lichtbewegung) fortschreitet, dann ist allgemein {eine Beschränkung auf Glieder} gegenüber der linken Seite eine Vernachlässigung von Ordnungen gemäß der zeitlichen und räumlichen Punktkoordinaten denkbar, dadurch entsteht allgemein

(67) $d^2x_\tau/dt^2 = - 1/2 \times \Omega g_{44}/\Omega x_\tau$ $(\tau = 1, 2, 3)$ (Einstein, 1916, S. 817).

Das entspricht dem Gleichungssystem für die Mechanik eines Massepunktes gemäß der Gravitationstheorie von Newton, hierin kennzeichnet $g_{44}/2$ das

Kolek, Erik (2024). Über die physikalischen Grundlagen der interstellaren Raumfahrt. In: *Chroniken der Wirtschaftsinformatik-Physik (CWIP)*. Band 2, Auflagen-Nr. 1.0. ISBN: 9783758387944.

Gravitationsleistungspotenzial. Komisch erscheint innerhalb dieses Ergebnisses, lediglich dass das Glied g_{44} vom Grundmodelltensor separat innerhalb der ersten Approximation diese Massenpunktmechanik bewirkt.

Für beliebig auftretende Geschwindigkeiten, welche nicht größer erscheinen als die Lichtbewegung im Vakuum ($v < 1$), gilt aufgrund (67)

$$v = \sqrt{(dx_\tau^2/dt)} = \sqrt{(-1/2 \times \Omega g_{44}/\Omega x_\tau)} \text{ (Einstein, 1916, S. 817)}$$

Albert Einstein betrachtete jetzt die Gravitationsfeldgleichungen (53). Beim bildhaften Anschauen muss beachtet werden, dass die Massendichte ϱ innerhalb des eigentlichen Sinns annähernd allein den Energiemodelltensor für die „Masse" vorgibt, das bedeutet mittels dem zweiten Ausdruck gegenüber der linken Seite der Gleichung (58) [oder (58a) bzw. (58b)]. Wird allgemein die von Albert Einstein gefragte Approximation ausgeführt, dann fällt jeder Bestandteil weg außer dem Bestandteil

$$T_{44} = T = \varrho \text{ (Einstein, 1916, S. 817).}$$

Linkseitig an zweiter Stelle in (53) entsteht ein in der zweiten Ableitung winziger Ausdruck; ersterer bringt durch die von Albert Einstein gefragte Approximation

$$+ \Omega/\Omega x_1[\mu, v; 1] + \Omega/\Omega x_2[\mu, v; 2] + \Omega/\Omega x_3[\mu, v; 3] - \Omega/\Omega x_4[\mu, v; 4] \text{ (Einstein, 1916, S. 818).}$$

Das bringt hinsichtlich v gleich μ gleich 4 wenn auf die gemäß dem Zeitstab unterschiedenen Ausdrücke verzichtet wird

$$- 1/2 \times (\Omega^2 g_{44}/\Omega x_1^2 + \Omega^2 g_{44}/\Omega x_2^2 + \Omega^2 g_{44}/\Omega x_3^2 = - 1/2 \times \Delta g_{44} \text{ (Einstein, 1916, S. 818).}$$

Das letztplatzierte aller Gleichungssysteme (53) bringt demnach

$$(68) \ \Delta g_{44} = x\varrho \text{ (Einstein, 1916, S. 818).}$$

Beide Gleichungssysteme (67) sowie (68) gemeinsam erscheinen gleichwertig zur Gravitationstheorie von Newton.

Kolek, Erik (2024). Über die physikalischen Grundlagen der interstellaren Raumfahrt. In: *Chroniken der Wirtschaftsinformatik-Physik (CWIP)*. Band 2, Auflagen-Nr. 1.0. ISBN: 9783758387944.

Hinsichtlich dem Gravitationsleistungspotenzial wird gemäß (67) sowie (68) das Glied

(68a) $- (x/8\pi)\int(\varrho d\tau/r)$ (Einstein, 1916, S. 818)

erhalten, obwohl das Newtonsche Gravitationsgesetz aufgrund einem von Albert Einstein ausgesuchten Zeitstab

$- (K/c^2)\int(\varrho d\tau/r)$ (Einstein, 1916, S. 818)

beziehungsweise

$- (K/v^2)\int(\varrho d\tau/r) = - (K/(\sqrt{(- 1/2 \times \Omega g_{44}/\Omega x_\tau))})^2)\int(\varrho d\tau/r)$ (Einstein, 1916, S. 818)

liefert, hierin kennzeichnet K (= G) eine normalerweise bekannte Gravitationsunveränderliche als bestimmte Unveränderliche $6{,}7\times10^{-8}$. Mittels Gleichsetzung erhielt Albert Einstein

(69) $x = 8\pi K/c^2 = 1{,}87\times10^{-27}$ (Einstein, 1916, S. 818)

beziehungsweise

(69a) $x = 8\pi K/v^2 = 8\pi K/(\sqrt{(- 1/2 \times \Omega g_{44}/\Omega x_\tau)})^2$ (Einstein, 1916, S. 818)

Da es sich hierbei um das Leistungspotenzial der Gravitation nach Newton handelt kann analog der im Abschnitt 20 beschriebenen Vorgehensweise als eine Folge K = G = F gesetzt werden, allgemein ergibt sich dadurch das Newtonsche-Maxwellsche Gravitationsleistungspotenzial

(69b) $x = 8\pi F/c^2 = 1{,}87\times10^{-27}$ (Einstein, 1916, S. 818)

beziehungsweise

(69c) $x = 8\pi F/v^2 = 8\pi F/(\sqrt{(- 1/2 \times \Omega f_{44}/\Omega x_\tau)})^2$ (Einstein, 1916, S. 818).

Kolek, Erik (2024). Über die physikalischen Grundlagen der interstellaren Raumfahrt. In: *Chroniken der Wirtschaftsinformatik-Physik (CWIP)*. Band 2, Auflagen-Nr. 1.0. ISBN: 9783758387944.

§ 22. Verhaltensweisen der Maßstäbe sowie Uhrzeitstäbe innerhalb des nicht-dynamischen Schwerefeldes. Biegung von Lichtemissionen. {Veränderung von Spektrallichtstrahlen.} Perihelbahn aller Planetenbewegungen.

Damit Newtons Gravitationsmechanik innerhalb einer ersten Approximation ermittelt werden kann, musste Albert Einstein ausgehend der 10 Bestandteile vom Gravitationsleistungspotenzials $g_{\mu\nu}$ lediglich g_{44} festlegen, weil lediglich g_{44} innerhalb der ersten Approximation (67) des Gleichungssystems für die Mechanik eines Massenpunktes innerhalb eines Schwerefeldes einzubeziehen ist. Allgemein wird währenddessen bereits dadurch erkannt, so dass weitere davon verschiedene Bestandteile aller $g_{\mu\nu}$ hinsichtlich der innerhalb (4) notierten Größen innerhalb der ersten Approximation zu differieren haben, so dass diese Ungleichheit anhand der Forderung {Systemgleichung} g gleich –1 gegeben ist.

Hinsichtlich eines materiellen Punktes der ein Gravitationsfeld herstellt und sich dabei innerhalb eines Ursprungswerts eines Koordinatenbezugssystems aufhält entsteht so allgemein innerhalb einer ersten Approximation ein *nicht-anti-symmetrisches* den Radius anbelangendes Ergebnis

$$(70) \quad \left\{ \begin{array}{ll} g_{\varrho\sigma} = -\,\delta_{\varrho\sigma} - \alpha(x_{\varrho}x_{\sigma}/r^3)\,(1 < \varrho \text{ sowie } \sigma < 3) & \text{(Einstein, 1916, S. 819)} \\ g_{\varrho 4} = g_{4\varrho} = 0\,(1 < \varrho < 3) & \text{(Einstein, 1916, S. 819)} \\ g_{44} = 1 - \alpha/r & \text{(Einstein, 1916, S. 819).} \end{array} \right.$$

0 oder 1 gleicht hierbei $\delta_{\varrho\sigma}$, abhängig davon ob σ gleich ϱ bzw. σϱ {σ ungleich ϱ}, der Wert r gleicht

$+ \sqrt{(x_1^2 + x_2^2 + x_3^2)}$ (Einstein, 1916, S. 819).

Dadurch erscheint aufgrund (68a)

(70a) $\alpha = xM/8\pi$ (Einstein, 1916, S. 819),

Kolek, Erik (2024). Über die physikalischen Grundlagen der interstellaren Raumfahrt. In: *Chroniken der Wirtschaftsinformatik-Physik (CWIP)*. Band 2, Auflagen-Nr. 1.0. ISBN: 9783758387944.

sobald durch M ein Gravitationsfeld herstellender Materiepunkt gekennzeichnet ist. Ob mittels diesem Ergebnis alle Gravitationsfeldgleichungen (nicht innerhalb von Materie) innerhalb der ersten Approximation bestätigt sind, wird hierdurch einfach überprüfbar.

Albert Einstein betrachtete jetzt eine Wirkung, die der Raum bzw. dessen gemessenen Funktionen (also das Gravitationsfeld) erleben aufgrund des Massenfeldes M. Gegenseitig aller „örtlichen" (Abschnitt 4) metrischen Raumabständen sowie Zeitabständen ds auf der einen Seite sowie allen Koordinatenpunktunterschieden dx_v auf der anderen Seite besteht immer eine wahre Relation

$ds^2 = g_{\mu v}dx_\mu dx_v$ (Einstein, 1916, S. 819).

Hinsichtlich eines zur x-Koordinatenachse „nebeneinander" aufgetragenen einheitlichen Stabmaßes (also ein metrischer Stab mit zum Beispiel dem hundertsten Teil eines Meters als Länge) würde nämlich festzulegen sein

$ds^2 = -1; dx_2 = dx_3 = dx_4 = 0$ (Einstein, 1916, S. 819),

demnach

$-1 = g_{11}dx_1^2$ (Einstein, 1916, S. 819).

(Je nach Beobachtungswinkel können die x-Achse und der Stab auch aufeinander abgelegt zu sehen sein.) Befindet sich (also) das einheitliche Stabmaß gleichzeitig überschneidend zur x-Koordinatenachse, dann entspricht dieselbe zuerst notierte Gleichung aller Systeme (70)

$g_{11} = - (1 + \alpha/r)$ (Einstein, 1916, S. 819).

Aufgrund dieser zwei Beziehungen entsteht als eine Folge durch eine erste Approximation exakt

(71) $dx = 1 - \alpha/2r$ (Einstein, 1916, S. 819).

Kolek, Erik (2024). Über die physikalischen Grundlagen der interstellaren Raumfahrt. In: *Chroniken der Wirtschaftsinformatik-Physik (CWIP)*. Band 2, Auflagen-Nr. 1.0. ISBN: 9783758387944.

Ein (eigentlich) einheitliches Stabmaß sieht demnach durch seine Beziehung mit dem Koordinatensymmetriesystem übereinstimmend mit der ermittelten Größe aufgrund der Existenz eines Schwerefeldes abgeschnitten aus, sobald dieser Stab in dieselbe Richtung wie der Radius (ruhend) auf dem Radius platziert ist.

Äquivalent wird allgemein der (zeiträumliche) Stabkoordinatenabstand innerhalb der tangentialen Massenpunktrichtung ermittelt, dadurch dass allgemein nämlich angenommen werden

$ds^2 = -1$; $dx_1 = dx_3 = dx_4 = 0$; $x_1 = r$, $x_2 = x_3 = 0$ (Einstein, 1916, S. 820).

Eine Folge ist

$(71a) - 1 = g_{22}dx_2^2 = -dx_2^2$ (Einstein, 1916, S. 820).

Während der tangentialen Bezugskörperausrichtung besitzt demnach ein {Koordinatenbezugssystem} Schwerefeld eines materiellen Punktes keinerlei Wirkung hinsichtlich des (zeitlichen) Raumkoordinatenabstandes eines Stabs.

Alle euklidischen Geometrieeigenschaften werden demnach innerhalb eines Schwerefeldes schon ab der allerersten Approximation ungültig, wenn allgemein ein sowie derselbe Stabkörper losgelöst hinsichtlich seiner Lage sowie der damit verbundenen Richtung sinngemäß einer Verwirklichung dergleichen Entfernung zu verstehen sein soll. Zugegeben lehren (69) sowie (70a), dass alle bestimmbaren Veränderungen kaum groß genug erscheinen, damit diese während einer metrischen Erfassung von kleineren Planetenoberflächen wie die der Erde auffallen sollten.

Nun wird bezüglich der Zeitpunktkoordinate eine Laufgeschwindigkeit einer mit anderen mechanisch gleichbeschaffenen Zeigeruhr betrachtet, die innerhalb eines nicht-dynamischen Schwerefeldes unbewegt abgelegt existiert. Dabei ist gültig hinsichtlich des Uhrzeitablaufs (bzw. der Zeitperiode also der benötigten Zeit für jede vollständige Drehung des Uhrzeigers)

$ds = 1$; $dx_1 = dx_2 = dx_3 = 0$ (Einstein, 1916, S. 820).

Kolek, Erik (2024). Über die physikalischen Grundlagen der interstellaren Raumfahrt. In: *Chroniken der Wirtschaftsinformatik-Physik (CWIP)*. Band 2, Auflagen-Nr. 1.0. ISBN: 9783758387944.

Demnach erscheint

$g_{44}dx_4^2 = 1$ (Einstein, 1916, S. 820);

$dx_4 = 1/\sqrt{[g_{44}]} = 1/\sqrt{[1 + (g_{44} - 1)]} = 1 - (g_{44} - 1)/2$ (Einstein, 1916, S. 820)

beziehungsweise

(72) $dx_4 = 1 + (x/8\pi)\int(\varrho d\tau/r)$ (Einstein, 1916, S. 820).

Demnach ist die Laufperiode der Zeigeruhr (und allgemein der Zeit) schneller, sobald diese nicht nahe schwerer Materie ruhend daliegt {lokalisiert erscheint}. Die (erste) Folge davon ist, dass alle (bläulichen) Spektralgeradenenden hinsichtlich der die Erde erreichenden Lichtemissionslinien hinsichtlich der rötlichen Spektralgeradenanfänge ausgehend von riesigen Körperoberflächen massereicher Sonnen übereinstimmend verändert auszusehen haben. [Äquivalent zur untersuchten Uhrperiode ist hieraus auch die zweite Folge bezüglich der Lichtkoordinate, dass rote Spektralenden kürzer erscheinen müssen, solange sich das Licht nahe einer schweren Masse langsamer bewegt, womit gedanklich aufbauend auf Albert Einstein das Gesetz der konstanten Lichtgeschwindigkeit zumindest bereits aufgrund (72) nicht mehr haltbar erscheint; ponderable Punktmassen haben also eine verlangsamende Wirkung auf die Lichtperiode, daher ist diese gleichzeitig äquivalent zu betrachten als die Zeitperiode (72). Demzufolge müssen auf geodätischen Spektrallinien beschleunigte Testbezugskörper ponderabler Materie immer fernbleiben.] Pro der Existenz von dieser effektiven Wechselwirkung zwischen Licht und Masse bestätigen übereinstimmend mit Freundlich, E. linienspektrale Sichtungen von fixen Sternen eingeteilter Klasse. Die abschließende Verifizierung der ersten Folge ist heute nicht mehr offen.

Albert Einstein betrachtete zusätzlich innerhalb des nicht-dynamischen Schwerefeldes die Bewegung aller Lichtemissionen. Übereinstimmend mit der speziellen Relativitätstheorie kann die Bewegungsgeschwindigkeit des Lichts mit dem Gleichungssystem

Kolek, Erik (2024). Über die physikalischen Grundlagen der interstellaren Raumfahrt. In: *Chroniken der Wirtschaftsinformatik-Physik (CWIP)*. Band 2, Auflagen-Nr. 1.0. ISBN: 9783758387944.

$- dx_1^2 - dx_2^2 - dx_3^2 + dx_4^2 = 0$ (Einstein, 1916, S. 821)

beziehungsweise

$+ dx_1^2 + dx_2^2 + dx_3^2 - dx_4^2 = 0$ (Einstein, 1916, S. 821)

beschrieben werden, demnach nach der allgemeinen Relativitätstheorie mit dem Gleichungssystem

(73) $ds^2 = g_{\mu\nu}dx_\mu dx_\nu = 0$ (Einstein, 1916, S. 821)

bzw.

(73a) $ds = \sqrt{(g_{\mu\nu}dx_\mu dx_\nu)} = 0$ (Einstein, 1916, S. 821)

Wenn eine Orientierung, das bedeutet als Relation dx_1 zu dx_2 zu dx_3 passend besteht, dann bringt das Gleichungssystem (73) folgende Werte

dx_1/dx_4, dx_2/dx_4, dx_3/dx_4 (Einstein, 1916, S. 821)

sowie dadurch folgende Lichtgeschwindigkeit $x_1 = v$

$v = \sqrt{[(dx_1/dx_4)^2 + (dx_2/dx_4)^2 + (dx_3/dx_4)^2]} = \sqrt{[(dx_\mu/dx_\nu)^2]}$ (Einstein, 1916, S. 821),

beziehungsweise

$v^2 = (dx_1/dx_4)^2 + (dx_2/dx_4)^2 + (dx_3/dx_4)^2 = (dx_\mu/dx_\nu)^2$ (Einstein, 1916, S. 821),

übereinstimmend basierend auf Euklid bezüglich einer Raum-Zeit-Geometrie bestimmt. Allgemein ist einfach nachzuvollziehen, dass alle Lichtemissionslinien gebogen auszusehen haben hinsichtlich dem Koordinatenbezugssystem, wenn alle $g_{\mu\nu}$ variabel erscheinen. Wenn x_2 die Orientierung vertikal hinsichtlich der Lichtbewegung darstellt, dann erbringt der Grundsatz nach Huygens, dass die Lichtemissionslinie [innerhalb einer zweidimensionalen Oberfläche (x_1, x_2) beobachtet] eine Biegung $- \Omega x_1/dx_2$ hat.

Kolek, Erik (2024). Über die physikalischen Grundlagen der interstellaren Raumfahrt. In: *Chroniken der Wirtschaftsinformatik-Physik (CWIP)*. Band 2, Auflagen-Nr. 1.0. ISBN: 9783758387944.

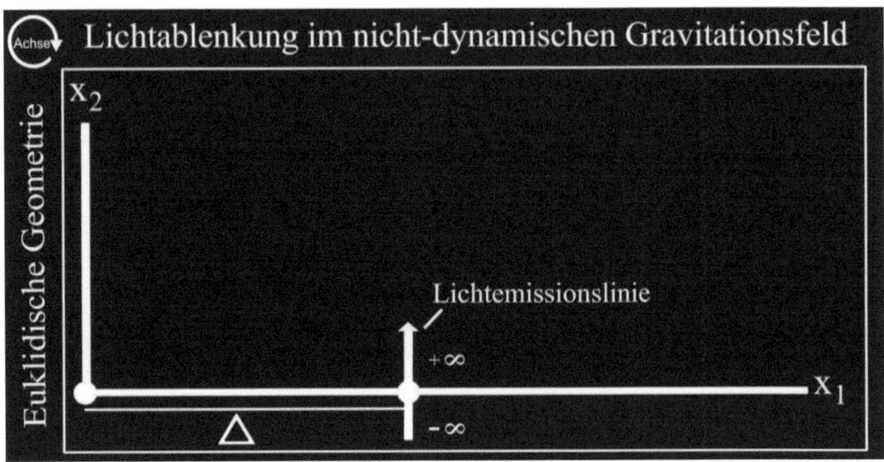

Abbildung 1. Lichtablenkung im nicht-dynamischen Gravitationsfeld sinngemäß einer auf Euklid basierenden zweidimensionalen Raum-Zeit-Geometrie (Einstein, 1916, S. 821).

Albert Einstein betrachtete eine Biegung, die eine Lichtemissionslinie erfährt, welche sich innerhalb der Strecke Δ längsseits der (schweren) Materie M bewegt. Wird allgemein ein Koordinatenbezugssystem übereinstimmend mit vorheriger Abbildung ausgewählt, dann erscheint eine Komplettkrümmung B der Lichtemissionslinie (nicht-negativ kalkuliert, falls die Krümmung nicht vor ihrem und in Richtung zum Ursprungspunkt gewölbt (konkav) verläuft) innerhalb einer ausreichenden Approximation beschrieben mit

$$B = \int_{-\infty}^{+\infty} \frac{\Omega x_1}{\Omega x_1} dx_2 = \int_{-\infty}^{+\infty} dx_2 \text{ (Einstein, 1916, S. 821)}$$

unterdessen (70) sowie (73) zum Ergebnis haben

$x_1 = \sqrt{(-g_{44}/g_{22})} = 1 + 1/2 \times \alpha/r[1 + (x_2/r)^2]$ (Einstein, 1916, S. 822).

Durch Auflösung wird erhalten

(74) $B = 2\alpha/\Delta = xM/4\pi\Delta$ (Einstein, 1916, S. 822),

(74a) $M = 2\alpha/\Delta = 4\pi\Delta B/x$ bzw. $x = 2\alpha/\Delta = 4\pi\Delta B/M$ (Einstein, 1916, S. 822) und

Kolek, Erik (2024). Über die physikalischen Grundlagen der interstellaren Raumfahrt. In: *Chroniken der Wirtschaftsinformatik-Physik (CWIP)*. Band 2, Auflagen-Nr. 1.0. ISBN: 9783758387944.

(74b) $\pi = 2\alpha/\Delta = xM/4\Delta B$ (Einstein, 1916, S. 822).

Die längsseits einem Stern vorbeilaufende Lichtemissionslinie erlebt also die Krümmung von (circa) 1,7″ (Winkelsekunden), die an dem nicht-lichtemittierenden Gas-Staub-Atmosphären-Felskernplaneten Jupiter vorbeilaufende die entsprechende von circa 0,02″ (Bogensekunden).

Werden allgemein jeweils mit einem Faktor ein Schwerefeld sowie eine Kursbewegung einer Punktmasse mit verhältnismäßig endlos geringfügiger Trägheit präziser kalkuliert, dann bekam Albert Einstein verglichen mit allen Kepler-Newton-Bewegungssätzen für alle Planeten die Veränderung anschließender Klasse. Eine Kursellipse {Großachse} von einem trägen Bezugskörper, zum Beispiel von einem Planet oder dagegen leichten materiellen Punktes, erlebt in dieselbe Bewegungsrichtung des Kurses {je Umrundung} die Rotation mit geringer Geschwindigkeit gegeben durch den Absolutbetrag (verbunden mit 74b)

(75) $\varepsilon = 24\pi^3[a^2/T^2c^2(1 - e^2)]$ (Einstein, 1916, S. 822)

(75a) $\varepsilon = 24(xM/4\Delta B)^3[a^2/T^2v^2(1 - e^2)]$ (Einstein, 1916, S. 822)

(75b) $\varepsilon = 24(xM/4\Delta B)^3[a^2/T^2(dx_\mu/dx_\nu)^2(1 - e^2)]$ (Einstein, 1916, S. 822)

je Umrundung. Innerhalb diesem Gleichungssystem steht a für eine Hauptachse, c bzw. v für die Lichtrelativgeschwindigkeit innerhalb der endlich konstanten bzw. unendlich variablen Maßeinheit, e für die Ellipsenexzentrizität, T für die in Sekunden gegebene Umrundungszeit. Hinsichtlich einer Kalkulation verwies Albert Einstein hinsichtlich zwei Originalarbeiten (Einstein, 1916, S. 822): „A. Einstein, Sitzungsber. d. Preuß. Akad. d. Wiss. 47. P. 831. 1915. – K. Schwarzschild, Sitzungsber. d. Preuß. Akad. d. Wiss. 7. P. 189. 1916.“

Diese Kalkulation hat zum Ergebnis hinsichtlich des Planetenkörpers Merkur, dass die Rotation seiner Ellipse von (circa) 43″ (Winkelsekunden) alle hundert Jahre beträgt, exakt übereinstimmend mit einer Feststellung von Astronomiephysikern (hier

Kolek, Erik (2024). Über die physikalischen Grundlagen der interstellaren Raumfahrt. In: *Chroniken der Wirtschaftsinformatik-Physik (CWIP)*. Band 2, Auflagen-Nr. 1.0. ISBN: 9783758387944.

Leverrier); die Astrophysiker entdeckten beispielsweise den mit der Einwirkung sonstiger Planetenkörper keinesfalls nachvollziehbaren Restbetrag für die Perihelmechanik des Merkur mit dem bezifferten Wert (43″).

§ 23. Gravitationsmagnetische Gleichungen des Vakuumfeldes nach Albert Einstein. Verhaltensweisen der Maßstäbe sowie Uhrzeitstäbe innerhalb des nicht-statischen Schwerefeldes.

Werden nun die elektromagnetischen Gleichungen des Vakuumfeldes nach Maxwell gleichgesetzt mit den gravitationsmagnetischen Gleichungen des Vakuumfeldes nach Albert Einstein so wird nach der *(anti-)allgemeinen Relativitätstheorie* folgendes bestimmt

(66b) $T_\sigma{}^\nu = - G_{\sigma\alpha}G^{\nu\alpha} + 1/4 \times \delta_\sigma{}^\nu G_{\alpha\beta}G^{\alpha\beta}$ (Einstein, 1916, S. 815)

beziehungsweise *anti-allgemein*

(66bb) $- T_\sigma{}^\nu = G_{\sigma\alpha}G^{\nu\alpha} - 1/4 \times \delta_\sigma{}^\nu G_{\alpha\beta}G^{\alpha\beta}$ (Einstein, 1916, S. 815).

Eingesetzt in (66) ergibt für elektromagnetische Gravitationsfelder oder gravitierende Elektromagnetfelder

(66c) $x_\sigma = \Omega(- G_{\sigma\alpha}G^{\nu\alpha} + 1/4 \times \delta_\sigma{}^\nu G_{\alpha\beta}G^{\alpha\beta})/\Omega x_\nu - 1/2 \times g^{\tau\mu}(\Omega g_{\mu\nu}/\Omega x_\sigma)(- G_{\tau\alpha}G^{\nu\alpha} + 1/4 \times \delta_\tau{}^\nu G_{\alpha\beta}G^{\alpha\beta})$ (Einstein, 1916, S. 815)

beziehungsweise *anti-allgemein*

(66cc) $- x_\sigma = - \Omega(G_{\sigma\alpha}G^{\nu\alpha} - 1/4 \times \delta_\sigma{}^\nu G_{\alpha\beta}G^{\alpha\beta})/\Omega x_\nu + 1/2 \times g^{\tau\mu}(\Omega g_{\mu\nu}/\Omega x_\sigma)(G_{\tau\alpha}G^{\nu\alpha} - 1/4 \times \delta_\tau{}^\nu G_{\alpha\beta}G^{\alpha\beta})$ (Einstein, 1916, S. 815)

Rückblickend zum Anfang dieses Abschnitts 20 kann also jedes F gravitierender Elektromagnetfelder durch ein G elektromagnetischer Gravitationsfelder ausgetauscht werden, wodurch aufgrund $F_{\varrho\sigma} = G_{\varrho\sigma}$ als eine Folge das Leistungspotenzial des (ebenfalls elektrischen) Gravitationsmagnetismus beschrieben

Kolek, Erik (2024). Über die physikalischen Grundlagen der interstellaren Raumfahrt. In: *Chroniken der Wirtschaftsinformatik-Physik (CWIP)*. Band 2, Auflagen-Nr. 1.0. ISBN: 9783758387944.

wird. So können beispielsweise alle Energiebestandteile des Gravitationsmagnetfeldes ermittelt werden, die insbesondere für kleinere in zeiträumlicher Abhängigkeit größerer Gravitationsmagnetfelder maßgebend sind.

(65aa) $x_\sigma = G_{\sigma\mu}J^\mu$ (Einstein, 1916, S. 814).

Für den physikalischen *anti-allgemeinen Fall* dynamischer (unnatürlicher) Gravitationsfelder kann die Veränderliche j zur metrischen Kennzeichnung des momentanen Leistungspotenzials des elektrischen Gravitationsmagnetfeldes eingesetzt werden, damit stets eine bestimmte Massenschwere (gleich Massenträgheit) innerhalb des vierdimensionalen Raum-Zeit-Bereichs gleichförmiger Krümmung für alle darin befindlichen praktisch starren Körper gegeben ist. Die folgenden Systemgleichungen sind koinzident mit elektromagnetisch beweglichen Gravitationsfeldern aufgrund der anfänglichen jetzt dynamisierten Forderung {Bezugssystem} jg = −1; alle vorherigen Aussagen bezüglich der Gleichungen bleiben unverändert.

(70a) $\left\{ \begin{array}{l} j_{\varrho\sigma}g_{\varrho\sigma} = -\delta_{\varrho\sigma} - \alpha(x_\varrho x_\sigma/r^3)\ (1 < \varrho\ \text{sowie}\ \sigma < 3) \\[4pt] j_{\varrho4}g_{\varrho4} = j_{4\varrho}g_{4\varrho} = 0\ (1 < \varrho < 3) \\[4pt] j_{44}g_{44} = 1 - \alpha/r \end{array} \right.$

(Einstein, 1916, S. 819)

(Einstein, 1916, S. 819)

(Einstein, 1916, S. 819).

(71aa) $-1 = j_{22}g_{22}dx_2^2 = -dx_2^2$ (Einstein, 1916, S. 820).

(72a) $dx_4 = 1/\sqrt{[j_{44}g_{44}]} = 1/\sqrt{[1 + (j_{44}g_{44} - 1)]} = 1 - (j_{44}g_{44} - 1)/2$ (Einstein, 1916, S. 820)

(73a) $ds^2 = j_{\mu\nu}g_{\mu\nu}dx_\mu dx_\nu = 0$ (Einstein, 1916, S. 821)

Die letzteren Gleichungen zeigen auf, dass ein statisches Energiefeld wie das Materiefeld und Gravitationsfeld innerhalb des gesamten Raum-Zeit-Kontinuums nur dem Anschein nach existieren könnte, das bedeutet alle Materiefelder und Gravitationsfelder müssten immer dynamisch vorhanden sein und sich fortwährend

Kolek, Erik (2024). Über die physikalischen Grundlagen der interstellaren Raumfahrt. In: *Chroniken der Wirtschaftsinformatik-Physik (CWIP)*. Band 2, Auflagen-Nr. 1.0. ISBN: 9783758387944.

gegenseitig beeinflussen. Das ist ebenfalls begründet durch die von mir aufgestellten gravitationsmagnetischen Gleichungen des Vakuumfeldes nach Albert Einstein innerhalb derer ebenfalls die Gesetze der Elektrostatik und Elektrodynamik berücksichtigt sind. Daraus folgt, dass jede elektrisch negativ geladene Masse gravitationsbedingt angezogen werden muss und dass jede elektrisch positiv geladene Masse *anti-gravitationsbedingt* abgestoßen werden müsste.

Das ist auch durch den Spin (Drehenergieimpuls) der Punktmasse begründet, welche zu einer elektrisch positiven Aufladung dergleichen Masse führen müsste. An den beiden praktisch starren Polen dieser sich drehenden und deswegen bewegenden Punktmasse werden demnach elektrisch positiv geladene Körper (Protonen) abgestrahlt beziehungsweise emittiert. Diese positive Protonenstrahlung erfährt im Vakuum des Raum-Zeit-Kontinuums eine Entladung sowie Richtungsumkehrung im physikalischen Sinn, wodurch negativ geladene Körper (Elektronen) wieder zurückfallen auf die Punktmasse beziehungsweise von dieser angezogen werden, womit sich der Kreislauf des Energiefeldes bestehend aus Materiefeld und Gravitationsfeld *anti-allgemein* schließt, da fortwährend eine negative Elektronenstrahlung aufgrund gravitationsmagnetischer allgemeiner Naturgesetze gegeben ist und von der Punktmasse absorbiert wird.

Protonen und Elektronen können also auch analog zum Punktmassenkern als elektromagnetisierte Gravitationsteilchen mit unterschiedlicher positiver oder negativer Spin-Ladung verstanden werden, das hat zur Folge, dass wohlmöglich leichtere Elektronen bereits während ihrer Entladung und Richtungsumkehrung Photonen lediglich abstrahlen könnten, währenddessen schwerere Protonen Photonen lediglich anziehen müssten. Das wahrscheinlich nur scheinbar vorhandene statische Magnetfeld einer Punktmasse gleicht demnach einer physikalischen Wechselwirkung aus emittierender positiver Protonenstrahlung und absorbierender negativer Elektronenstrahlung und damit dem dynamischen Gravitationsfeld desgleichen Punktmassenfelds. Ein *Anti-Gravitationsfeld* eines Körpers kann also entstehen

Kolek, Erik (2024). Über die physikalischen Grundlagen der interstellaren Raumfahrt. In: *Chroniken der Wirtschaftsinformatik-Physik (CWIP)*. Band 2, Auflagen-Nr. 1.0. ISBN: 9783758387944.

sobald die negative Elektronenstrahlung einen positiven anhaltenden Energieimpuls erfährt, das ist auch vorstellbar bei einer Verschiebung der zwei Pole. Eine solche Polverschiebung ist nach dem *anti-allgemeinen Grundsatz* theoretisch möglich sobald der Drehenergieimpuls des Körpers nachlässt, das bedeutet auch dass sich die Temperatur und die Geschwindigkeit der Masse verringern müssten.

Wird die Punktmasse im Ganzen betrachtet, dann müsste diese aus einem heißen Kern und mindestens einer umgebenden kühleren Hülle bestehen, dazwischen könnten sich *anti-symmetrische* Vakuumabstände befinden, die ebenfalls weitere Hüllen sowie Drehtemperaturunterschiede und Drehgeschwindigkeitsunterschiede bewirken könnten. Der schnellere Spin des Kerns müsste demnach einen langsameren Spin der Außenhülle bewirken und könnte diese ebenfalls elektrisch positiv aufladen, jedoch umso größer der Abstand zum Kern ist, desto mehr müsste die negative Elektronenladung nachweisbar und damit *anti-allgemein* Gravitation erfahrbar sein. Im physikalisch umgekehrten Sinn müsste das aber auch bedeuten, dass sich in der Nähe des Kerns (auch aufgrund des dort herum wahrscheinlich befindlichen Vakuums) also in einem gewissen vierdimensionalen Raum-Zeit-Bereich ein materiefeld- und gravitationsfeldfreier Schwebepunkt ($g_{ik} = 0$ und bzw. $\sqrt{-g} = 0$) im Sinne eines den Kern umgebenden ausgedehnten Ereignishorizonts bestehen müsste.

Einfach gesagt: *Zum Kern hin müsste die Gravitation abnehmen und vom Kern weg müsste die Gravitation (wieder) zunehmen, aber wiederum im Kern müsste demnach die größte Gravitation vorhanden sein, da hier die größte punktuelle Massentemperaturschwere (gleich Massentemperaturträgheit) im physikalischen Sinn der Energie vorzufinden sein müsste, um diesen ponderablen Kern herum müsste in Materiefeldnähe wiederum ein ausgedehnter raumzeitlicher Ereignishorizont bestehen, der physikalisch keine Zeit aber auch keine Bewegung von positiv aufgeladener also dunkler und negativ aufgeladener also heller Materie im Raum zulassen müsste, sondern lediglich positive (dunkle) und negative (helle) Energie in unendlich vielen parallelen Dimensionen (73a) erzeugen könnte.*

Kolek, Erik (2024). Über die physikalischen Grundlagen der interstellaren Raumfahrt. In: *Chroniken der Wirtschaftsinformatik-Physik (CWIP)*. Band 2, Auflagen-Nr. 1.0. ISBN: 9783758387944.

Es könnten also innerhalb unseres Raum-Zeit-Kontinuums lediglich lichtabsorbierende dunkle heiße Protonenkernmassen und lichtspendende helle kühle Elektronenkernmassen als dunkle bzw. helle Energieformen existieren, wobei $E = TMv^2 = G$ innerhalb des beschriebenen Ereignishorizonts gelten müsste entsprechend der positiven oder negativen Gravitationsenergieladung, welche ebenfalls folglich eine Substitution des Vorzeichens begründet. Protonen (+ G) müssten demnach Photonen anziehen und Elektronen (– G) demnach Photonen abstoßen, wobei als eine Folge bis in das unendlich Kleine im Kern eines jeden energiearmen Elektrons ein einzelnes energiereiches Proton zu finden sein müsste.

Ob sich diese Annahme auch bis in das unendlich Große bewahrheitet bleibt heute abzuwarten aufgrund noch fehlender forschungspraktischer Raum-Zeit-Erfahrungen und weil dies eine neue Aufgabe ist für die eben etablierte Makroquantenphysik (Quantenphysik II) analog der vertrauten Mikroquantenphysik (Quantenphysik I). In diesem eben etablierten Gesamtmodell ist zwischen diesen beiden Quantenphysikarten die heutige Astrophysik als ein Bindeglied zwischen diesen zwei dimensionsverschiedenen Quantentheorien zur Vervollständigung der Physik beziehungsweise dem Modell von Allem platziert gedacht.

Insgesamt handelt es sich bei der Grundlage der *anti-allgemeinen Relativitätstheorie* also um eine *dynamische Gravitationsfeldtheorie,* in der elektrostatische und elektrodynamische Masseneffekte koinzident auf gravitationsstatische und gravitationsdynamische Masseneffekte übertragen werden, hierdurch wird das Gravitationsfeld erfahrbar durch die Gleichsetzung von Energie und Masse hinsichtlich der Temperaturverschiebung der Masse, das gleicht der durch Albert Einstein gefundenen Spektralrotverschiebung des Lichts. Eine künstliche Erzeugung eines dynamischen Gravitationsfeldes innerhalb eines dx_n-bestimmten Raum-Zeit-Körpers sollte aufgrund der beschriebenen Annahmen quantentechnologisch jetzt möglich sein.

Kolek, Erik (2024). Über die physikalischen Grundlagen der interstellaren Raumfahrt. In: *Chroniken der Wirtschaftsinformatik-Physik (CWIP)*. Band 2, Auflagen-Nr. 1.0. ISBN: 9783758387944.

Abschließende Randnotiz zur falschen nummerischen Relativitätstheorie. Bei der heutigen Mathematik handelt es sich allgemein um eine (gedachte) formale Wissenschaft und bei der heutigen Physik um eine (beobachtbare) reale Wissenschaft, das bedeutet beide Wissenschaftsarten sind nicht vollständig koinzident aufeinander anwendbar, jedenfalls solange die Mathematik keine reale Wissenschaft repräsentiert, denn real wird die (vorher formale) Mathematik erst wenn diese auf die beobachtbare Optikdynamik des Lichts physikalisch sinngemäß übertragen wird. Noch einfacher ausgedrückt bedeutet das nur: von Menschen gedachte Zahlenzeichen sind nicht direkt auf das Raum-Zeit-Kontinuum sowie auf die Bewegungen von Körpern anwendbar ohne eine angleichende Anpassung dieser Mathematiktheorie mittels optischer Lichtdynamik.

Als eine erste Approximation stelle ich mir einen beliebig bestimmten Maßstab vor, beispielsweise einen Meter eines Lichtstrahls, dann weiß ich von Albert Einsteins spezieller und allgemeiner Relativitätstheorie bereits, dass dieser Lichtmeter nicht gerade sondern gekrümmt und gemessen an seinen Enden nicht gleichförmig sondern unterschiedlich lang sein muss innerhalb des Gravitationsfeldes eines Körpers wie der Erde. Hier versagt also die Arithmetik (Zahlentheorie) bereits, diese Abweichung wird umso größer handelt es sich um verschiedenstarke Gravitationsfelder. Zum Beispiel ist ein Lichtmeter auf der Erde verglichen mit einem Lichtmeter auf dem Mars jeweils heterogen gekrümmt und aufeinander innerhalb eines gemeinsamen Koordinatensystems gelegt ergibt sich auf der X-Achse ein voneinander abweichender Zahlenwert. Die Arithmetik gleicht also keinem Axiom gemäß der speziellen und allgemeinen Relativitätstheorie. Gemäß der *anti-allgemeinen Relativitätstheorie* sind Gravitationsfelder immer dynamisch, das ändert ebenfalls nichts an der physikalischen Tatsache, dass die Arithmetik gemäß der Optikdynamik des Lichtfeldes falsch erscheint.

Ein weiterer jedoch nicht-physikalischer sondern rein mathematischer Beweis, dass eine formale Mathematik in Form der Zahlentheorie bekannt als Arithmetik nicht in

Kolek, Erik (2024). Über die physikalischen Grundlagen der interstellaren Raumfahrt. In: *Chroniken der Wirtschaftsinformatik-Physik (CWIP)*. Band 2, Auflagen-Nr. 1.0. ISBN: 9783758387944.

der realen Physik funktionieren kann, ist aber auch bereits durch Pierre de Fermats letzten Satz leicht nachvollziehbar. Fermat benötigte (genauso wie ich) keinen weiteren Satz sondern nur einen letzten Satz um die Arithmetik (Zahlentheorie) zu widerlegen. Der Fermat Satz drückt aus, dass $x^n + y^n$ immer ungleich z^n ist, wenn n = 3 bis unendlich festgelegt ist. Diesen Satz kennt jedes Schulkind als den Satz des Pythagoras, der jedoch nur bis n = 2 seine Gültigkeit bewahrt. Dieser letzte Satz von Fermat kann nur analytisch und nicht nummerisch gelöst werden und zwar auf folgendem Weg.

Die Zeichen x, y, z, n sind verschiedene (durch Menschen gedachte) Buchstaben, die unterschiedliche (durch Menschen gedachte) Zahlenwerte repräsentieren sollen. Da ich alle Zahlenwerte betrachten muss und die Bedingung der Ungleichheit nicht verändern darf für diesen vollständigen Beweis (also nicht nur einen teilweisen Beweis erbringe zum Beispiel wie Euler für n = 3) kann ich nun ausdrücken, dass „unendlich" als eine Buchstabenfolge eine beliebig bestimmte Zahl ist. Setze ich diese neue Buchstabenzahl in Fermats letzten Satz ein erhalte ich in allgemeiner Schreibweise

$$\text{unendlich}^{\text{unendlich}} + \text{unendlich}^{\text{unendlich}} \neq \text{unendlich}^{\text{unendlich}}$$

beziehungsweise

$$2 \times \text{unendlich}^{\text{unendlich}} \neq \text{unendlich}^{\text{unendlich}}$$

beziehungsweise für alle denkbaren Zahlen quod erat demonstrandum

$2 \neq 1$ (Der wahre Beweis von Fermats letzten Satz, da der Beweis selbst ein Axiom ist.)

Jede Relativitätstheorie kann durch die mathematische Physik also immer nur analytisch über die Algebra als eine Grundlage der Geometrie und niemals nummerisch über die Arithmetik verstanden werden, da diese wie eben mehrfach bewiesen wurde immer eine Falschheit darstellt.

Kolek, Erik (2024). Über die physikalischen Grundlagen der interstellaren Raumfahrt. In: *Chroniken der Wirtschaftsinformatik-Physik (CWIP)*. Band 2, Auflagen-Nr. 1.0. ISBN: 9783758387944.

(Fertiggestellt 07. Mai 2024.)

Referenzen

Einstein, A. (1916). Die Grundlage der allgemeinen Relativitätstheorie. *Annalen der Physik 354(7)*, S. 769–822.

{Einstein, A. (Manuskript). Die Grundlage der allgemeinen Relativitätstheorie. In: The General Theory of Relativity. SP Books, Limitierte Auflage Nummer 411/1000, S. 11-62.}

Inhaltsübersicht

In diesem Forschungsartikel wird eine anti-allgemeine Gravitationstheorie entwickelt. Sie wird als anti-allgemeine Relativitätstheorie bezeichnet und basiert auf Albert Einsteins allgemeiner Relativitätstheorie. Sie enthält eine dynamische Gravitationsfeldtheorie, in der sich mehrere Felder gegenseitig beeinflussen können. Räumliche Bewegungen können so besser beschrieben werden.

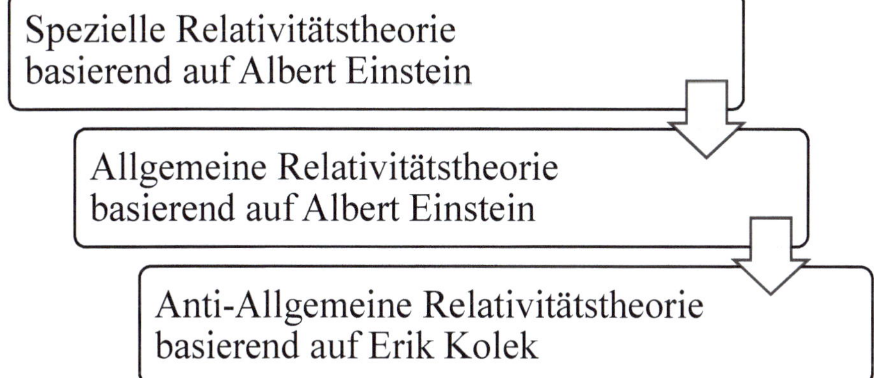

Abbildung 2. Inhaltsübersicht dargestellt durch die Bedeutung der anti-allgemeinen Relativitätstheorie.

Kolek, Erik (2024). Über die physikalischen Grundlagen der interstellaren Raumfahrt. In: *Chroniken der Wirtschaftsinformatik-Physik (CWIP)*. Band 2, Auflagen-Nr. 1.0. ISBN: 9783758387944.

Dritter Abschnitt: Ein Ausblick in die Dunkelheit des Raum-Zeit-Kontinuums

Wissenschaftliche Zitierung:

Kolek, Erik (2024). Schwarze Löcher haben keine Gravitation an ihrem Ereignishorizont in unserem expandierenden Universum – Mein erster Beitrag zur Einstein-Hawking-Theorie von Allem. In: *Über die physikalischen Grundlagen der interstellaren Raumfahrt.* Chroniken der Wirtschaftsinformatik-Physik (CWIP). Band 2, Auflagen-Nr. 1.0.

Erik Kolek (2024)

Schwarze Löcher haben keine Gravitation an ihrem Ereignishorizont in unserem expandierenden Universum – Mein erster Beitrag zur Einstein-Hawking-Theorie von Allem

Zusammenfassung

In diesem Buchbeitrag geht es um die rein theoretische Möglichkeit, dass Schwarze Löcher keinerlei Gravitation an ihrem Ereignishorizont in unserem expandierenden Universum aufweisen könnten. Es handelt sich hierbei um meinen ersten Beitrag zur Theorie von Allem, die ich als Einstein-Hawking-Theorie bezeichne und womit ich allen visuell einen Einblick in die Dunkelheit des Raum-Zeit-Kontinuums gestatten möchte. Befinden wir uns also innerhalb eines einzigen riesigen Schwarzen Lochs, das unser Universum im Ganzen darstellt beziehungsweise ist diese beschriebene Vorstellung vom Universum überhaupt denkbar? Falls so eine unendlich mannigfaltige Krümmungsintensität auch nach innen vorstellbar sein sollte, in der sich einzeln kontravariant verbundene Raum-Zeit-Blasen uhrzeigerperiodisch auftun könnten: Welche Arten von Gravitationsfeldern existieren sonst noch innerhalb unseres möglicherweise Schwarzen Universums und wie lassen sich diese Erkenntnisse für Weiterentwicklungen von Quantentechnologien nutzen, um

Kolek, Erik (2024). Über die physikalischen Grundlagen der interstellaren Raumfahrt. In: *Chroniken der Wirtschaftsinformatik-Physik (CWIP)*. Band 2, Auflagen-Nr. 1.0. ISBN: 9783758387944.

beispielsweise konstruierend fähig zu sein souveräne Bezugskörperklassen (Raumschiffklassen) mit einem noch moderneren Energieimpulsantrieb zeiträumlich auszustatten? Supergravitation könnte darauf die Antwort liefern, wenn einem bewegten Raum-in-Raum-Modelltensor nach Riemann $\Gamma_{\mu\nu}{}^{\tau}$ gefolgt wird, jedoch nicht ohne in dieser elektrodynamischen Feldblase sg_{ik} die Massenträgheit schwerefeldgenerierend g_{ik} auszugleichen.

Schwarze Löcher haben keine Gravitation an ihrem Ereignishorizont in unserem expandierenden Universum – Mein erster Beitrag zur Einstein-Hawking-Theorie von Allem

In unserem expandierenden Universum existieren Schwarze Löcher wie Beobachter von der Erde bereits wissen, weil diese Beobachter von der Erde ein Foto von so einem Schwarzen Loch gemacht haben [dieses Foto kann auf folgender Internetseite gesehen werden: https://eventhorizontelescope.org/press-release-april-10-2019-astronomers-capture-first-image-black-hole (zuletzt besucht am 07.05.2024)]. Auf diesem Foto ist eine Akkretionsscheibe eines Schwarzen Lochs abgebildet, diese Scheibe gleicht einer Grenze bestehend aus Lichthitze. Diese Beobachter, meistens sind dies Astrophysiker und Kosmologen, arbeiten innerhalb des Standardmodells der Physik, aber sie versuchen auch außerhalb des Standardmodells der Physik zu arbeiten, obwohl diese noch nicht so weit sind um Alles im Universum zu verstehen, so zum Beispiel die Kernfusion innerhalb von Sternen. Innerhalb dieses Standardmodells der Physik ist die Gravitation als ein Feld durch Albert Einstein (1916) beschrieben. Gravitation existiert für diese Beobachter allgemein innerhalb, an dem Ereignishorizont und außerhalb eines Schwarzen Lochs.

Aber was haben die Beobachter in der physikalischen Wirklichkeit gesehen? Haben die Beobachter einen Schwarzen Lochstrudel oder einen Schwarzen Lochtornado gesehen? Folglich, wenn ich mehrdimensional an eine gekrümmte Singularität wie an ein Schwarzes Loch denke, ist es vielleicht möglich das zwei Arten von solchen

Kolek, Erik (2024). Über die physikalischen Grundlagen der interstellaren Raumfahrt. In: *Chroniken der Wirtschaftsinformatik-Physik (CWIP)*. Band 2, Auflagen-Nr. 1.0. ISBN: 9783758387944.

gekrümmten Singularitäten existieren könnten. Die bedeutende Frage ist dann für alle Beobachter von der Erde auf welcher Seite ist unser expandierendes Universum lokalisiert? Sind wir vielleicht auf der Seite in der Materie reingezogen wird in ein Schwarzes Loch oder möglicherweise auf der Seite in der Materie rausfließt aus diesem Schwarzen Loch? Begründend auf diesem Foto eines Schwarzen Lochs kann ich diese Frage nicht beantworten als ein Beobachter der Lichthitze, die ich von der Erde aus dem Augenschein nach leuchtend sehen kann. Und natürlich bleibt es bei der physikalischen Tatsache in beiden Allgemeinfällen, dass ein Schwarzes Loch in der geometrischen Form eines Strudels beziehungsweise Tornados einen Stern leicht zerstören, mit anderen Schwarzen Löchern kollidieren und explodieren kann.

Randbemerkung. Letzteres deutet auch darauf hin, dass vielleicht sogar elektrodynamische Wetterphänomene wie Ionenstürme innerhalb unseres expandierenden Universums existieren könnten, das ist wichtig zu wissen für die Bezugskörpernavigation der Zeitraumforschungspraxis.

Wie ich bereits sagte, Beobachter können sich nicht sicher sein, ob diese ein Schwarzes Loch sehen, das Materie emittiert und/oder absorbiert. Bezugnehmend auf Albert Einstein (1905, 1916) können solche Singularitäten nur gekrümmt sein und daher niemals gerade (oder flach) erscheinen. Deswegen schließe ich Nicht-Gekrümmte-Singularitäten vollständig aus und außerdem sind gekrümmte Schwarze Löcher (Schwarze Singularitäten) im Fokus der Betrachtung (Abbildung 2). Gekrümmte Singularitäten können auf zwei Wegen bewegt existieren, wenn unser expandierendes Universum supersymmetrisch, relativistisch gestaltet ist: Der erste Weg auf der linken Seite ist beschrieben durch das Standardmodell der Physik und der zweite Weg auf der rechten Seite repräsentiert eine supersymmetrische, relativistische Spiegelmodelldimension. Und noch einmal, beide Pfeile zeigen in dieselbe Richtung den Weg der Lichthitze wie alle von uns auf der Erde gesehen haben auf dem Foto eines Schwarzen Lochs. Von diesen zwei gekrümmten

Kolek, Erik (2024). Über die physikalischen Grundlagen der interstellaren Raumfahrt. In: *Chroniken der Wirtschaftsinformatik-Physik (CWIP)*. Band 2, Auflagen-Nr. 1.0. ISBN: 9783758387944.

Singularitäten kann nur eine existieren in der physikalischen Wirklichkeit unseres expandierenden Universums.

Das in Abbildung 1 zu sehende Modell ist, wie ich das für unser supersymmetrisches, relativistisches Universum annehme, koinzident gestaltet mit meinem supersymmetrischen, relativistischen Modellierungs- und Visualisierungsansatz und es demonstriert mögliche Modellergebnisse für die Entwicklung einer präzisen mathematischen Physik. Weil das mehrdimensionale Denken des Menschen visuell multimodal also komplex ist, habe ich einen Ansatz entwickelt und genutzt um visuell multimodale also komplexe physikalische Fakten leicht verständlich zu machen. Mit diesem Ansatz benötigt man keine vertieften mathematischen Kenntnisse um gestaltete Modellbestandteile des Universums verstehen zu können. Deswegen müsste damit die Quantenastrophysik im Ganzen leichter nachvollziehbar werden. Zusätzlich nutze ich Sätze und Gleichungen um modellbasierte Repräsentationen unseres expandierenden Universums zu beschreiben. Eine Sammlung von Modellvisualisierungen ist notwendig um Down-to-Earth das gesamte Universum mehrdimensional erfahrbar gestalten zu können.

Kolek, Erik (2024). Über die physikalischen Grundlagen der interstellaren Raumfahrt. In: *Chroniken der Wirtschaftsinformatik-Physik (CWIP)*. Band 2, Auflagen-Nr. 1.0. ISBN: 9783758387944.

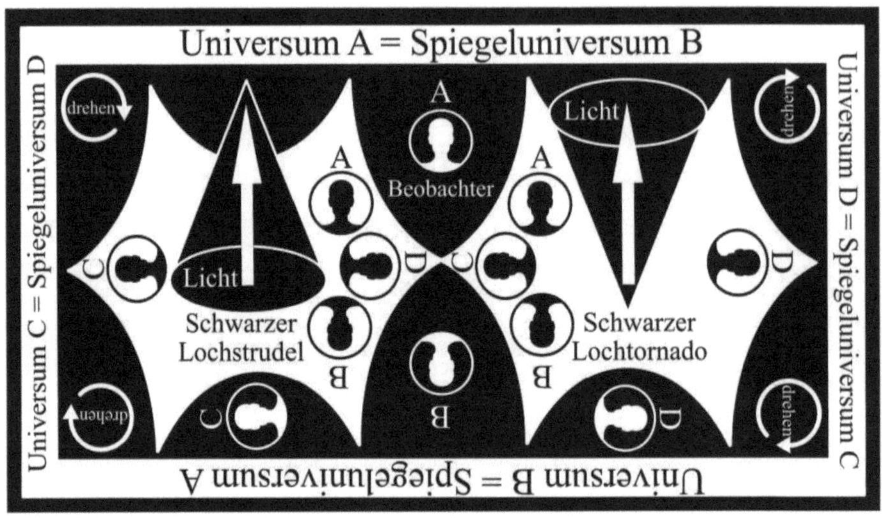

Abbildung 1. Möglichkeit zweier gekrümmter Singularitäten (welche davon existiert in unserem expandierenden Universum?).

Für jede Art eines Schwarzen Lochs ist das Quantenspektrum von emittierender und/oder absorbierender Materie thermal und angegeben für die Emission als eine allgemein (in der Quantenphysik) akzeptierte Schwarzkörperstrahlungstemperatur – die Hawking-Temperatur ist gegeben in natürlichen Einheiten und $T_H = k / 2\pi$ (Hawking, 1974; Hawking, 1975). In dem Internationalen System der Einheiten (abgekürzt SI-Einheiten) [siehe: https://www.bipm.org/en/measurement-units/ (zuletzt besucht am 07.05.2024)] konvertiert diese Gleichung zu $T_H = hk / 2\pi ck_B$ (Hawking, 1974; Hawking, 1975). Die Schwarzschild-Gravitation für die Oberfläche eines Schwarzen Lochs ist in SI-Einheiten repräsentiert durch die Gleichung $k = c^4 / 4GM$ (Schwarzschild, 1916). Bezüglich der Masse M eines Schwarzen Lochs ist die Hawking-Temperatur dann umgekehrt proportional in Gleichung (6). Die Hawking-Temperatur beinhaltet daher das reduzierte Plancksche Wirkungsquantum (h), die Licht(hitze)konstante (c), Gravitationskonstante (G), (Schwarze Loch-)Masse (M) und die Boltzmann-Konstante (k_B) (Hawking, 1974; Hawking, 1975).

Kolek, Erik (2024). Über die physikalischen Grundlagen der interstellaren Raumfahrt. In: *Chroniken der Wirtschaftsinformatik-Physik (CWIP)*. Band 2, Auflagen-Nr. 1.0. ISBN: 9783758387944.

(6) $T_{H1} = hc^3 / 8\pi GMk_B$ (Massenverkleinerung führt zum Temperaturanstieg) (Hawking, 1974; Hawking, 1975)

Folglich erscheint die Hawking-Temperatur (Hawking, 1974; Hawking, 1975) konsistent zu sein mit der Modellannahme: Wenn ein Schwarzes Loch die Energie L emittiert in der Form von Masse und Strahlung verkleinert sich seine Masse um L/V^2 (Einstein, 1905). Für diesen Spezialfall vergrößert sich die Hawking-Temperatur (Hawking, 1974; Hawking, 1975), aber diese sollte auch ansteigen, wenn ein Schwarzes Loch die Energie L absorbiert in der Form von Masse und Strahlung vergrößert sich seine Masse um L/V^2 (Einstein, 1905). Deswegen erhalte ich eine zweite Hawking-Temperatur (7) (Hawking, 1974; Hawking, 1975)

(7) $T_{H2} = 8\pi GMk_B / hc^3$ (Massenvergrößerung führt zum Temperaturanstieg) (Hawking, 1974; Hawking, 1975)

Bezüglich eines Schwarzen Lochs das Masse und Strahlung absorbiert und emittiert (Einstein, 1905) ist die vervollständigte Hawking Temperatur (Hawking, 1974; Hawking, 1975) angegeben in der Gleichung (8). Alle Glieder sind jetzt fundiert auf einer fortschrittlichen Theorie der Lichthitze supersymmetrisch und relativistisch in der Lage Temperaturveränderungen am Ereignishorizont eines Schwarzen Lochs über dessen Massenanpassung (bzw. Massensubstitution) zu erklären.

(8) $T_{H3} = hc^3 / 8\pi GMk_B + 8\pi GMk_B / hc^3$ (Massenveränderung führt zur Temperaturveränderung) (Hawking, 1974; Hawking, 1975)

Mithilfe der Gleichung (8) können neue modernere Modellannahmen mit Relevanz für unser expandierendes Universum abgeleitet werden. Schwarze Löcher können keine Gravitation G an ihrem Ereignishorizont aufweisen in unserem expandierenden Universum aufgrund der Hypothesen (a), (b), (c) und (d).

(a) Jedes Schwarze Loch wächst bzw. dehnt sich aus in unserem Universum, aber diese ziehen trotzdem keine Materie in sich hinein. Also was stellt ein Schwarzes Loch

Kolek, Erik (2024). Über die physikalischen Grundlagen der interstellaren Raumfahrt. In: *Chroniken der Wirtschaftsinformatik-Physik (CWIP)*. Band 2, Auflagen-Nr. 1.0. ISBN: 9783758387944.

in unserem expandierenden Universum dar, einen Schwarzen Lochstrudel oder einen Schwarzen Lochtornado?

(b) Jedes Schwarze Loch besitzt eine Art von Gravitation innerhalb und keine Art von Gravitation außerhalb.

(c) Als eine weitere Kreuzverifikation für (a) und (b) führend zu (d) müsste gelten: Wenn die Ferent Gravitationstheorie (2016) – deren Grundlage noch immer die Newtonsche Gravitationstheorie (1687) ist, weil Ferent (2016) glaubt das Albert Einsteins spezielle und allgemeine Relativitätstheorie (1905, 1916) begrenzt wäre hinsichtlich der Lichtgeschwindigkeit V – wahr sein sollte, müsste die Ferent Gravitationstheorie (2016) auch für Schwarze Löcher und ihre Ereignishorizonte gelten.

(d) Bezüglich eines Schwarzen Lochs und dessen Ereignishorizont kann die Gravitation G verworfen und daher entfernt werden aus den Hawking-Temperaturgleichungen (6), (7) und (8) (Hawking, 1974; Hawking, 1975). Das müsste möglich sein fundiert durch eine fortschrittliche Theorie der Lichthitze, die erscheint sobald die spezielle Relativitätstheorie von Albert Einstein (1905) weiter gedacht wird wie folgt und aufgrund von (a) und (b).

Stellen wir uns nun ein Dunkles Universum vor, dass nur aus Schwarzen Löchern und Materie besteht (Abbildung 2). Was würde der Beobachter sehen? Er oder sie muss innerhalb eines Schwarzen Lochs beliebig viele andere Schwarze Löcher und einen schwarzen Ereignishorizont innerhalb des mannigfaltigen Hohlellipsoids sehen können, wo er oder sie auf einem Planeten lokalisiert ist und von innerhalb seines Schwarze Lochs auf dessen Ereignishorizont blickt, der jedoch nur schwarz und nicht schwarzrot glühend aufgrund der Entfernung der Spektrallinien erscheint. So dass sich dieses Schwarzes Loch verhält wie unser Universum, indem die Grenzen von innerhalb gesehen (scheinbar) expandieren, also könnte jedes Schwarze Loch in seinem innerem auch ein eigenes Universum in einer Hohlkörperkrümmung bilden. Folglich wächst dieses Schwarze Loch aus der Sicht eines anderen Beobachters

Kolek, Erik (2024). Über die physikalischen Grundlagen der interstellaren Raumfahrt. In: *Chroniken der Wirtschaftsinformatik-Physik (CWIP)*. Band 2, Auflagen-Nr. 1.0. ISBN: 9783758387944.

gesehen von außerhalb dieses Schwarzen Lochs beziehungsweise Dunklen Universums. Auch hier wieder liegt unser Schwarzes Loch in einem anderen Schwarzen Loch und so weiter bis in die Unendlichkeit der mannigfaltigen Parallelität des Dunklen Universums. Der Beobachter sieht von oben in dieser Makroansicht der Physik des Universums (Quantenastrophysik II) in diesem Spezialfall nur unendlich kleiner dimensionierte Schwarze Löcher $dx_1 + dx_2 + dx_3 + dx_4$ verglichen mit seinem Dunklen Universum. In diesem physikalischen Modellbeispiel sind vier Schwarze Löcher und vier Ereignishorizonte ausgewählt, weil diese Mengenzahl ausreichend sein müsste, um die Unendlichkeit eines Universums nur bestehend aus gekrümmten Singularitäten verstehen zu können. Wie verändert sich jetzt die Gravitation in der geometrischen Form eines Feldes g_{ik} wie wir alle gelernt haben von Albert Einstein und Stephen Hawking? Im Raum x, y, z bleibt die Zeit t stehen und wird absolut und null an jedem Ereignishorizont der (vier) Schwarzen Löcher, aber jetzt ebenso das Gravitationsfeld $g_{ik} = dt = dx_4 = 0$ an jedem Ereignishorizont aller Schwarzen Löcher. Dieser Modellvergleich zwischen unserem Dunklen Universum betrachtet als ein einziges riesiges Schwarzes Loch müsste helfen zu verstehen, was mit Sätzen gemeint ist, wenn vom Dasein innerhalb eines expandierenden Schwarzen Lochs gesprochen wird, in dem auch ein spezielles Gravitationsfeld existieren müsste genauso wie in unserem expandierenden Universum.

Also was ist ein Supergravitationsfeld? Ein Supergravitationsfeld (sg_{ik}) ist beschrieben durch die Summe der Gravitationsfelder g_{ik} aller Massenfelder und Strahlungsenergien die innerhalb eines Dunklen Universums bzw. Schwarzen Lochs (kontravariant) bestehen können. In diesem Kontext repräsentiert ein Schwarzes Loch natürlich ein Universum. Supergravitation beinhaltet gemäß der Natur auch die innere Wirkungsbeziehung desselben schrumpfenden oder ausdehnenden Dunklen Universums bzw. Schwarzen Lochs, weil dieses spezielle Gravitationsfeld auch koinzident dazu gleichförmig schrumpft beziehungsweise expandiert. Deswegen ist Supergravitation verbunden mit allen Momenten der Gleichzeitigkeit die innerhalb des Raum-Zeit-Kontinuums mannigfaltig parallel existieren können und für die

Kolek, Erik (2024). Über die physikalischen Grundlagen der interstellaren Raumfahrt. In: *Chroniken der Wirtschaftsinformatik-Physik (CWIP)*. Band 2, Auflagen-Nr. 1.0. ISBN: 9783758387944.

Modellvereinfachung unserer Uhrperiode gilt $sg_{ik} = dt = dx_4 = 1$. In diesem Universum existiert ein Supergravitationsfeld zwischen allen Schwarzen Löchern. Wenn $sg_1 = sg_2 = sg_3 = sg_4$ in diesem Universum ist, dann vergrößern und verkleinern sich alle Schwarzen Löcher nicht. Also wie wachsen oder schrumpfen Schwarze Löcher? Schwarze Löcher wachsen bzw. vergrößern sich, wenn $sg1_{ik} > sg2_{ik} > sg3_{ik} > sg4_{ik}$ ist. In diesem Allgemeinfall sieht ein Beobachter einen Schwarzen Lochtornado bestehend aus Materie (das ist auch vergleichbar mit der Äthertheorie). Schwarze Löcher schrumpfen bzw. verkleinern sich, wenn $sg1_{ik} < sg2_{ik} < sg3_{ik} < sg4_{ik}$ ist. In diesem Allgemeinfall sieht ein Beobachter einen Schwarzen Lochstrudel bestehend aus Materie (das ist ebenfalls analog zur Äthertheorie zu verstehen).

In unserem expandierenden Universum sehen die Beobachter wachsende das bedeutet sich vergrößernde Schwarze Löcher und die Grenze unseres Universums scheint sich wie ein Hohlellipsoidkörper auch nach außen zu vergrößern bzw. auszudehnen, deswegen kann für unser Dunkles Universum allgemein ein Supergravitationsfeld $sg1_{ik} > sg2_{ik}$ für die darin befindlichen also innenliegenden Schwarzen Löcher angenommen werden. Die Beobachter sehen nur eine Art gekrümmter Singularität – den Schwarzen Lochtornado der Materie umherwirbelt. Ein Schwarzer Lochtornado kann demnach ebenfalls einen Stern einfach dank seiner Physik zerstören, mit anderen Materietornados kollidieren und explodieren. Solch ein Materietornado sieht genauso von oben zweidimensional betrachtet aus wie auf dem Foto des Schwarzes Lochs das von Beobachtern auf der Erde bereits gemacht wurde.

Kolek, Erik (2024). Über die physikalischen Grundlagen der interstellaren Raumfahrt. In: *Chroniken der Wirtschaftsinformatik-Physik (CWIP)*. Band 2, Auflagen-Nr. 1.0. ISBN: 9783758387944.

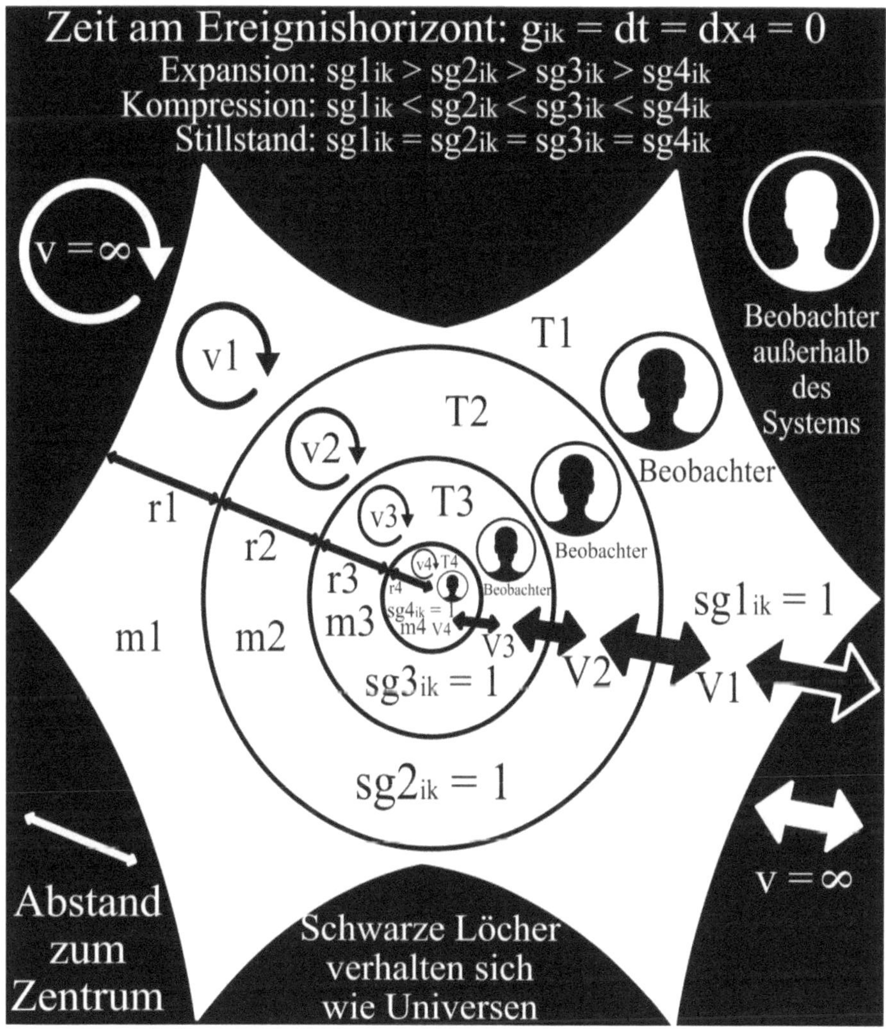

Abbildung 2. Supergravitationsfelder abgeleitet von unendlich innenliegenden Schwarzen Löchern und deren Ereignishorizonten angenommen als Dunkle Universumsgrenzen.

Um eine begründete Theorie zu liefern, Supergravitationsfelder können auch erklärt werden über eine Theorie der Lichthitze (Abbildung 3) dem Grundsatz nach basierend auf Albert Einstein (1905; 1916), weil sich die angenommene Lichtgeschwindigkeit c nicht verändert während der Emission und Absorption der Lichthitze. Daher nutze

Kolek, Erik (2024). Über die physikalischen Grundlagen der interstellaren Raumfahrt. In: *Chroniken der Wirtschaftsinformatik-Physik (CWIP)*. Band 2, Auflagen-Nr. 1.0. ISBN: 9783758387944.

ich die Gleichung (9) als ein grundsätzliches Postulat für die Theorieerweiterung, die zu einer vereinheitlichten Feldtheorie der Gravitation führt.

(9) $K_0 - K_1 = L [(1 / \sqrt{(1 - (v/V)^2)}) - 1]$ (Einstein, 1905)

Folgend muss ich an zwei Koordinatensysteme in relativer Bewegung und an die Geschwindigkeit der Lichtstrahlungshitze ausgedrückt als die Konstante c denken, weil ich so jetzt annehmen kann grundlegend dank Einstein (1916) das Alles im Universum Quantenmaterie ist (auch elektromagnetische Felder) ausgenommen das spezielle Gravitationsfeld bestehend als ein einziges endlich endloses Supergravitationsfeld, das der Wahrheit nach in unserem scheinbar expandierenden Universum wie auch in relativistisch begründeten Schwarzen Löchern gemäß allgemeiner Naturgesetze immer vorhanden erscheint. Als eine Folge erhalte ich eine neue Einsteinfeldgleichung, die eine vereinheitlichte Gravitationsfeldtheorie dem physikalischen Prinzip nach abgeleitet mithilfe der Geschwindigkeit der Lichthitze c (10) beschreibt, die zwei Arten von Lichtstrahlungshitze erklärt – helles und dunkles Licht repräsentiert durch kollidierende helle und dunkle Photonen. Unter der Quantenphysiklupe betrachtet kann es sich hierbei ebenfalls um helle weiße Quantensterne und dunkle schwarze Quantenlöcher handeln. Letztere haben jedoch in einzelner Betrachtung nicht die Energiedichte, so dass Makrokörper (Quantenastrophysik II) immer unbeeinflusst bleiben aufgrund kontravarianter allgemeiner Naturgesetze zwischen diesen parallelen Welten.

(10) F Supergravitation = F Quantengravitation = F Quantengravitationsgesetz I – F Quantengravitationsgesetz II = $G_1(K_0 - K_1) - G_2(K_0 + K_1) = G \times (Tm / r \times 1/V)^2 = (1 / \sqrt{(1 - (1/V)^2)} - 1 = 0$

$\sqrt{-g} = 1$.

Randbemerkung zu (10).

(10.1) $G \times [(T_1m_1 \times T_2m_2) / r^2] \times (L/V^2 \times v^2/2) - [G \times [(T_1m_1 \times T_2m_2) / r^2] \times (-L/V^2 \times v^2/2)] = L [(1 / \sqrt{(1 - (v/V)^2)}) - 1]$

Kolek, Erik (2024). Über die physikalischen Grundlagen der interstellaren Raumfahrt. In: *Chroniken der Wirtschaftsinformatik-Physik (CWIP)*. Band 2, Auflagen-Nr. 1.0. ISBN: 9783758387944.

(10.2) $G \times [(T_1m_1 \times T_2m_2) / r^2] \times (L/V^2 \times v^2/2) + G \times [(T_1m_1 \times T_2m_2) / r^2] \times (L/V^2 \times v^2/2) = L [(1 / \sqrt{(1 - (v/V)^2))} - 1]$

(10.3) $2[G \times [(T_1m_1 \times T_2m_2) / r^2] \times (L/V^2 \times v^2/2)] = L [(1 / \sqrt{(1 - (v/V)^2))} - 1]$

(10.4) $2[G \times (T^2m^2 / r^2) \times (L/V^2 \times v^2/2)] = L [(1 / \sqrt{(1 - (v/V)^2))} - 1]$

(10.5) $2[G \times (Tm / r)^2 \times (L/V^2 \times v^2/2)] = L [(1 / \sqrt{(1 - (v/V)^2))} - 1]$

(10.6) $2[G \times (Tm / r)^2 \times (1/V^2 \times v^2/2)] = (1 / \sqrt{(1 - (v/V)^2)} - 1$

(10.7) $G \times (Tm / r)^2 \times 1/V^2 \times v^2 = (1 / \sqrt{(1 - (v/V)^2)} - 1$

(10.8) $G \times (Tm / r \times 1/V \times v)^2 = (1 / \sqrt{(1 - (v/V)^2)} - 1$

(10.9) $G \times (Tm / r \times 1/V)^2 = (1 / \sqrt{(1 - (1/V)^2)} - 1$ //// $V = C$

(10.10) $G \times (Tm / r \times 1/C)^2 = (1 / \sqrt{(1 - (1/C)^2)} - 1 = 0$

Kolek, Erik (2024). Über die physikalischen Grundlagen der interstellaren Raumfahrt. In: *Chroniken der Wirtschaftsinformatik-Physik (CWIP)*. Band 2, Auflagen-Nr. 1.0. ISBN: 9783758387944.

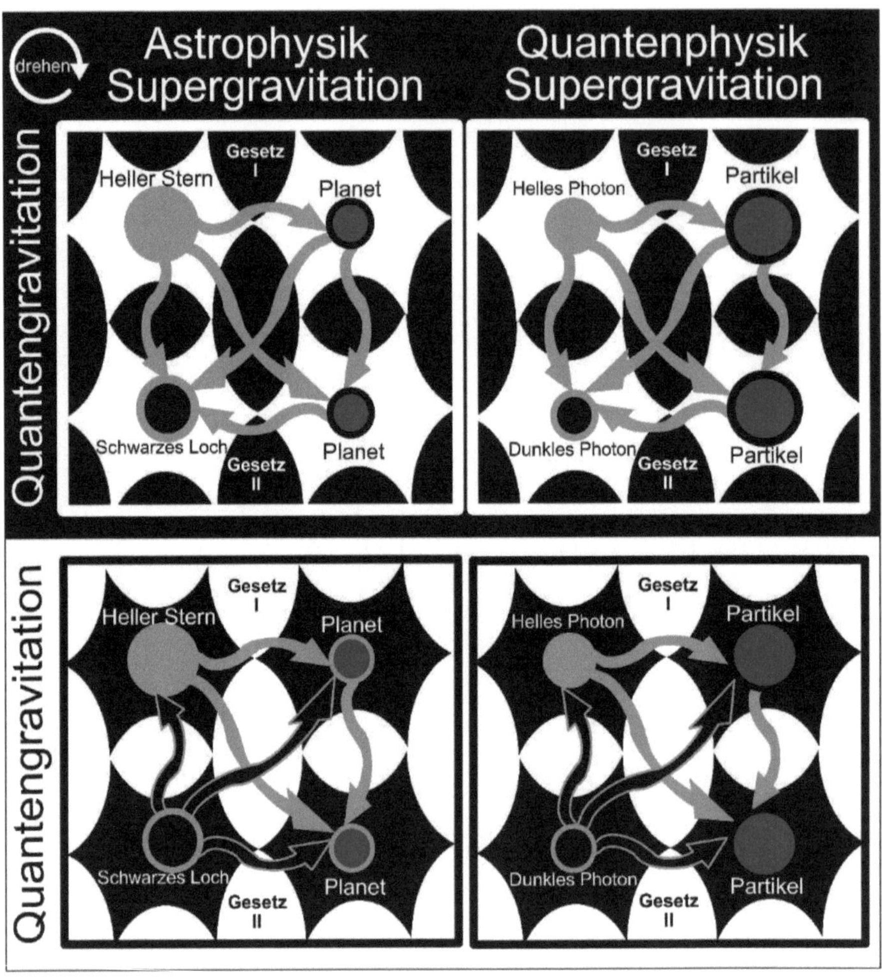

Abbildung 3. Supergravitationsfelder abgeleitet mithilfe einer fortschrittlichen Theorie über die Lichtstrahlungshitze.

Schlussfolgernd sei gesagt, das Schwarze Löcher keine Gravitation G (direkt) an ihrem Ereignishorizont in unserem expandierenden Universum haben können begründet mit (a), (b), (c) und (d).

(a) Jedes Schwarze Loch wächst scheinbar beziehungsweise dehnt sich scheinbar aus in unserem ebenfalls scheinbar expandierenden Universum, aber diese können

Kolek, Erik (2024). Über die physikalischen Grundlagen der interstellaren Raumfahrt. In: *Chroniken der Wirtschaftsinformatik-Physik (CWIP)*. Band 2, Auflagen-Nr. 1.0. ISBN: 9783758387944.

ebenfalls Materie heraus katapultieren und können daher auch haarig aussehen wie Stephen Hawking (2016) angenommen hatte. Die Schwarzen Löcher in unserem scheinbar expandierenden Universum (A) repräsentieren deswegen höchstwahrscheinlich Tornados (Abbildung 1).

(b) Jedes Schwarze Loch besitzt innerhalb ein Supergravitationsfeld, wodurch im Inneren ein Hohlellipsoidkörper existieren könnte und außerhalb ebenfalls ein Gravitationsfeld gemäß der allgemeinen Relativitätstheorie (Einstein, 1916), nur direkt am Ereignishorizont an dem sich wahrscheinlich die gesamte Materie sammelt und wie dunkle schwarzrote Wolkenwindformationen bewegt sein können keine Gravitation G und auch kein Gravitationsfeld bestehen (Abbildung 2 und Abbildung 3). Das könnte auch der Grund sein, warum ein Schwarzes Loch mit wenigen Sonnenmassen der Astronomie gravitationsfeldbedingt schemenhaft jedoch strahlungsbedingt mit Hintergrundrauschen erscheinen könnte.

(c) Als eine weitere Gegenprüfung für (a) und (b) führend zu (d) könnte gelten: Die Ferent Gravitationstheorie (2016) entspricht keiner realen Physik sondern einer formalen Mathematik, da diese nicht auf ein Schwarzes Loch als einen sehr großen Körper und seinen Ereignishorizont gemäß der Invarianztheorie übertragen werden kann. Das ist dadurch begründet dass keine Zeit innerhalb eines Schwarzen Lochs aufgrund der Supergravitation vorstellbar sein könnte, zumindest keine lineare homogene Zeit die also als allgemein kontravariante Zeit gegenüber der speziellen Relativitätstheorie (Einstein, 1905) existieren müsste, aber direkt am Ereignishorizont eines Schwarzen Lochs kann keine Gravitation und damit auch keine Zeit angenommen existieren. Letzteres ist auch unabhängig davon zu sehen ob es einen Strudel oder Tornado mit Quantenmaterie bildet oder nicht. Ein Fehlen von Zeit in dieser realen Physik stellt keine gedankliche Limitation der Quantentheorie der Gravitation dar.

(d) Die Gravitation G darf begründet durch (a), (b) und (c) entfernt werden aus der Hawking-Temperatur (6), (7) und (8) (Hawking, 1974; Hawking, 1975) hinsichtlich

Kolek, Erik (2024). Über die physikalischen Grundlagen der interstellaren Raumfahrt. In: *Chroniken der Wirtschaftsinformatik-Physik (CWIP)*. Band 2, Auflagen-Nr. 1.0. ISBN: 9783758387944.

des Ereignishorizonts eines Schwarzen Lochs. Ansonsten würde die Hawking-Temperatur (Hawking, 1974; Hawking, 1975) nicht mit dem angenommenen Dunklen Universumsmodell übereinstimmen (Abbildung 2). Die vervollständigte Hawking-Temperatur (8) (Hawking, 1974; Hawking, 1975) erscheint nicht nur wahr zu sein für Schwarze Lochtornados möglicherweise existierend in unserem scheinbar expandierenden Universum, aber diese ist auch denkbar wahr hinsichtlich von Schwarzen Lochstrudeln, die in einem anderen (diesem Prinzip nach parallelen) schrumpfenden Universum möglicherweise existieren könnten.

Als eine letzte Folge möchte ich sagen, dass Quantengravitationsfelder einschließlich beider Gesetze gemäß dem allgemeinen Ausdruck für ihr Leistungsrotationspotenzial $\Sigma \int dx_1 dx_2 dx_3 dx_4 dp_1 dp_2 dp_3 dp_4$ zur physikalischen Bestimmung eines ebenfalls rotierenden Supergravitationsfeldes führen innerhalb unseres scheinbar expandierenden Universums repräsentiert, die als zwei neue zusätzliche Kräfte dem Standardmodell der (heutigen) Physik addierend zugeordnet werden können. Eine noch unbestimmte Art von Megagravitationsfeld könnte als eine anknüpfende Folge außerhalb unseres scheinbar expandierenden Universums ebenfalls vorstellbar sein, jedoch nicht notwendigerweise relevant sein für eine Aktualisierung bzw. Erweiterung des Standardmodells der Physik, da hieraus zwar neue Erkenntnisse zu erwarten wären, die jedoch geistig natürlich einer nur noch abstrakt optikdynamikbegründeten Metaquantenphysik gleichkommen müssten. Überdies ist die Erkenntnis hinsichtlich eines Megagravitationsfeldes auch nicht unbedingt wegweisend für das Verstehen von Lebewesen, beispielsweise wenn ein Bezugskörper sich zeiträumlich schneller als die Lichtstrahlungshitze c bewegen soll, denn hierfür sollten bereits ohne Metamodell die Erkenntnisse über die Quantengravitationsgesetze und Supergravitationstheorie zufriedenstellend sein. Die Hawking-Temperatur (Hawking, 1974; Hawking, 1975) bleibt also physikalisch begründet bestehen, dass bedeutet diesbezüglich liegt Ferent (2016) falsch mit seiner Annahme. Ferent (2016) liegt nochmals falsch mit seiner Aussage, dass Albert Einsteins (1905; 1916) spezielle und allgemeine Relativitätstheorie begrenzt wäre

Kolek, Erik (2024). Über die physikalischen Grundlagen der interstellaren Raumfahrt. In: *Chroniken der Wirtschaftsinformatik-Physik (CWIP)*. Band 2, Auflagen-Nr. 1.0. ISBN: 9783758387944.

hinsichtlich der Lichtgeschwindigkeit c, da diese lediglich als eine austauschbare Bedingung innerhalb der koinzident kovariant gestalteten Gleichungssysteme darstellt und bezüglich von Hitze des Lichts ist bei Ferent (2016) auch keinerlei Ausdrucksgestaltung zu finden. So eine erdachte Limitierung in Form der Lichtgeschwindigkeit beziehungsweise Lichtstrahlungshitze ist (für mich) keine Barriere um die Supergravitationstheorie einschließlich der Quantengravitationsgesetze zu erkennen und zu beschreiben. Gleichzeitig und in diesem einen Moment repräsentiert diese neue vereinheitlichte beziehungsweise Superlative Gravitationsfeldtheorie dankend unterstützt durch die Erkenntnisse von Albert Einstein (1905; 1916) und Stephen Hawking (1974; 1975) die wohl geeignetste grundsatzbezogene Physik, um beschreiben zu können wie sehr kleine Körper wie ein Elektronenmassenfeld aber genauso sehr große Körper wie ein Elektronenmassenfeld jeweils mit sternleistungsentsprechender „Energie" eine extrem schnelle Beschleunigungsrichtung dx_{ik} innerhalb eines praktisch starren Koordinatensystems K relativ zum bewegten Koordinatensystem K' erfahren müssten. Zu berücksichtigen ist physikalisch bedingt durch die Zeitraumforschungspraxis, dass ein solches künstlich erzeugtes Supergravitationsfeld natürlich jedes Massengravitationsfeld eines jeden Himmelsobjekts (wie Planeten und Sterne) aus ihrer Bewegungsrichtung stoßen können müsste. Kurz gesagt: Aus Sicherheitsgründen dürfen (zunächst ohne weitere Forschungspraxiserfahrung) Supergravitationsfelder nur außerhalb des (jeweiligen) eigenen Sonnensystems künstlich aufgebaut werden, um interstallare Entdeckungsreisen erstmals für die Menschheit erfahrbar zu gestalten.

Mittlerweile währenddessen ich diese letzte Folge aufschrieb wurde ein weiteres anderes Foto eines Schwarzen Lochs durch die Beobachter von der Erde veröffentlicht [dieses Foto kann auf folgender Internetseite betrachtet werden: https://eventhorizontelescope.org/blog/astronomers-image-magnetic-fields-edge-m87s-black-hole (zuletzt besucht am 07.05.2024)]. Es zeigt dem Beobachter unabhängig von seiner momentanen Lage ein elektromagnetisches Feld das von oben wieder gleich aussieht wie ein Schwarzer Lochstrudel oder Schwarzer Lochtornado.

Kolek, Erik (2024). Über die physikalischen Grundlagen der interstellaren Raumfahrt. In: *Chroniken der Wirtschaftsinformatik-Physik (CWIP)*. Band 2, Auflagen-Nr. 1.0. ISBN: 9783758387944.

Diese von der Erde aus beobachtete physikalische Wirklichkeit repräsentiert einen exzellenten Nachweis um die beschriebene Supergravitationsfeldtheorie gegeben durch die zwei Quantengravitationsgesetze koinzident mit allgemeinen Naturgesetzen (zunächst nur) kovariant für unser Raum-Zeit-Kontinuum im Ganzen mittels Theorie festigen jedoch noch nicht durch Entdeckungserfahrung bestätigen zu können.

Referenzen

Einstein, A. (1905). Ist die Trägheit eines Körpers von seinem Energiegehalt abhängig? *Annalen der Physik 18(13)*, pp. 639–641.

Einstein, A. (1916). Die Grundlage der allgemeinen Relativitätstheorie. *Annalen der Physik 354(7)*, pp. 769–822.

Ferent, A. (2016). Ferent Gravitation theory. [https://www.academia.edu/23507496/ Ferent_Gravitation_theory (visited on 08.02.2021]).

Hawking, S. W. (1974). Black hole explosions?. Nature. 248 (5443): 30–31.

Hawking, S. W. (1975). Particle creation by black holes. Communications in Mathematical Physics. 43 (3): 199–220.

Hawking, S. W., Perry, M. J., and Strominger, A. (2016). Soft Hair on Black Holes. Phys. Rev. Lett. 116, No. 23, 231301.

Newton, I. (1687). *Philosophiae Naturalis Principia Mathematica*. 1. Edition. Jussu Societatis Regiae ac typis Josephi Streater, London 1687 (http://cudl.lib.cam.ac.uk/view/PR-ADV-B-00039-00001/9 [visited on 08.02.2021]).

Schwarzschild, K. (1916). Über das Gravitationsfeld eines Massenpunktes nach der Einsteinschen Theorie. Sitzungsberichte der Königlich Preussischen Akademie der Wissenschaften 7, pp. 189–196.

Kolek, Erik (2024). Über die physikalischen Grundlagen der interstellaren Raumfahrt. In: *Chroniken der Wirtschaftsinformatik-Physik (CWIP)*. Band 2, Auflagen-Nr. 1.0. ISBN: 9783758387944.

Inhaltsübersicht

In diesem Forschungsartikel wird eine fortgeschrittene Theorie der schwarzen Löcher entwickelt. Es wurde zwischen Tornados und Wirbeln von Schwarzen Löchern unterschieden. Am Ende waren es die Tornados der Schwarzen Löcher, die wahrscheinlich in der physikalischen Welt existieren könnten. Alle Schwarzen Löcher haben höchstwahrscheinlich keine Schwerkraft G an ihren Ereignishorizonten.

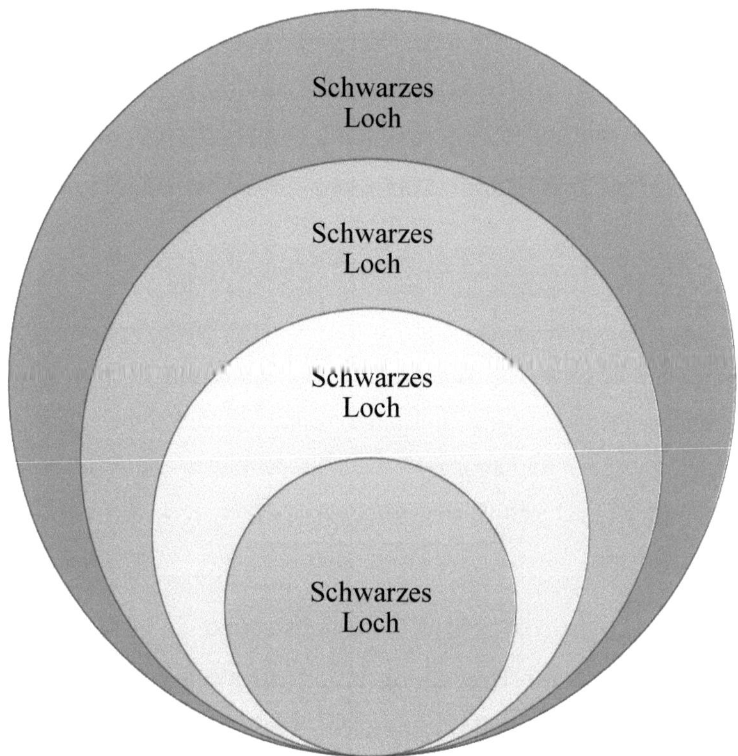

Abbildung 4. Inhaltsübersicht dargestellt durch die Bedeutung der fortgeschrittenen Theorie der Schwarzen Löcher.

Kolek, Erik (2024). Über die physikalischen Grundlagen der interstellaren Raumfahrt. In: *Chroniken der Wirtschaftsinformatik-Physik (CWIP)*. Band 2, Auflagen-Nr. 1.0. ISBN: 9783758387944.

Wissenschaftliche Zitierung:

Kolek, Erik (2024). Über einen heuristischen Gesichtspunkt bezüglich einer Quantenfeldtheorie zur Erzeugung und Umwandlung von Lichtwärme als fortgeschrittene molekular-kinetische Theorie von Licht und Wärme. In: *Über die physikalischen Grundlagen der interstellaren Raumfahrt.* Chroniken der Wirtschaftsinformatik-Physik (CWIP). Band 2, Auflagen-Nr. 1.0.

Erik Kolek (2024)

Über einen heuristischen Gesichtspunkt bezüglich einer Quantenfeldtheorie zur Erzeugung und Umwandlung von Lichtwärme als fortgeschrittene molekular-kinetische Theorie von Licht und Wärme

Zusammenfassung

In dieser theoretischen Abhandlung geht es um die Erforschung der Quantenstrahlung sowie Superstrahlung, welche von Sternen und Schwarzen Löchern ausgeht. Es entsteht eine neue Annahme hinsichtlich der menschlichen Wahrnehmung von Licht und Schatten, dank der Einführung der Begriffe der hellen und dunklen Photonen. Insgesamt handelt es sich hierbei um eine helle und gleichzeitig dunkle Relativitätstheorie auf Basis der Schwarzkörperstrahlung.

Über einen heuristischen Gesichtspunkt bezüglich einer Quantenfeldtheorie zur Erzeugung und Umwandlung von Lichtwärme als fortgeschrittene molekular-kinetische Theorie von Licht und Wärme

Annahme

Die von Albert Einstein in seinem annus mirabilis 1905 veröffentlichten Ergebnisse der Strahlungsuntersuchung führen zu einer sehr inspirierenden Annahme, die nun auf das Licht übertragen werden soll (Abbildung 1). Diese Arbeit ist verwandt mit Originalarbeiten von Albert Einstein und Stephen William Hawking. Meines Wissens

Kolek, Erik (2024). Über die physikalischen Grundlagen der interstellaren Raumfahrt. In: *Chroniken der Wirtschaftsinformatik-Physik (CWIP)*. Band 2, Auflagen-Nr. 1.0. ISBN: 9783758387944.

stellen deren physikalische Realitäten die einzigen funktionierenden Grundlagen für eine fortgeschrittene molekular-kinetische Theorie von Licht und Wärme dar.

Nach Einstein (1905a) "[...] kann die klassische Thermodynamik auch für mikroskopisch unterscheidbare Räume nicht mehr als streng gültig angesehen werden [...]" (S. 549). Ich denke, ich könnte der Forscher sein, der die wichtige Forschungsfrage zur Wärmetheorie (Einstein, 1905c) entscheiden könnte. Daher muss ich die Quantenstrahlung von Sternen und Schwarzen Löchern untersuchen, um mehr über Licht und Wärme zu erfahren.

Da die Masse der Photonen (Licht) vor allem zu Beginn der Strahlung heiß ist, sage ich, dass die Energie L gleich der in Kelvin gemessenen Temperatur T ist. Dieses Äquivalenzprinzip wird durch die Gleichung (1) abgedeckt. Wenn ein Stern, als Beispiel für einen sehr großen Körper, die Temperatur T (Energie L) in Form von Masse und Strahlung abgibt, nimmt seine Masse um T/V^2 ab und die heiße Masse der Photonen (Licht) wird positiv um $v^2/2$ beschleunigt. Die kinetische Energie eines Sterns wird also durch die Gleichung (1) angegeben. Dabei steht V für die Geschwindigkeit des Lichts in Form von Photonen und v für die Geschwindigkeit ihrer heißen Masse in Form von Quantenmaterie. Daher ist es verständlich, dass sich die kinetische Energie K_0 in Bezug auf das System (x', y', z', t') von der kinetischen Energie K_1 in Bezug auf ein anderes System (x, y, z, t) unterscheidet. Diese Differenz $K_0 - K_1$, die sich aus der Gleichung (1) ergibt, hat eine leicht zu verstehende mehrdimensionale physikalische Logik. K_0 und K_1 stellen die kinetischen Energiewerte eines identischen Körpers oder eines Sterns dar, sind aber mit zwei in relativer Bewegung existierenden Koordinatensystemen verbunden. Folglich ist ein Stern oder ein Schwarzes Loch in einem der Systeme (System (x', y', z', t')) (praktisch) nicht in Bewegung und ein anderer sehr großer Körper ist in relativer Bewegung zu diesem System (System (x, y, z, t)).

(1) $K_0 - K_1 = T/V^2 \times v^2/2 = (+T/V^2 \times v^2/2)$

Kolek, Erik (2024). Über die physikalischen Grundlagen der interstellaren Raumfahrt. In: *Chroniken der Wirtschaftsinformatik-Physik (CWIP)*. Band 2, Auflagen-Nr. 1.0. ISBN: 9783758387944.

Wenn ein helles Photon, als Beispiel für einen sehr kleinen Körper, die Temperatur T (Energie L) in Form von Masse und Wärme (Strahlung) abgibt, nimmt seine Masse um T/V^2 ab und das Photonenvolumen (Lichtwärme) wird um $v^2/2$ negativ beschleunigt. Die kinetische Energie eines hellen Photons wird also durch die Gleichung (2) angegeben. Wiederum steht V für die Licht- und Wärmegeschwindigkeit der Photonen und v für die Geschwindigkeit ihrer Volumenänderung in Form von heißer Quantenmaterie. In dieser Modellannahme hat die Wärme auch eine Masse als Anteil der Photonenmasse, wenn die Masse mit der Lupe der Quantenphysik betrachtet wird. Stellen wir uns unser expandierendes Universum vor, wenn es nur Photonen auf einer Ebene des Quantenspektrums gäbe.

Wie würden Photonen untereinander Wärme übertragen, gemessen als Temperatur T (Energie L)? Wie in Abbildung 1 zu sehen ist, kommt die Quantenstrahlung von einem Stern und geht direkt in ein Schwarzes Loch. Man kann also davon ausgehen, dass die Photonen auf ihrem Weg in dieses Schwarze Loch immer kleiner werden. Während die Masse der Photonen an Volumen verliert, geht auch die Wärme verloren oder wird in Form der Temperatur T (Energie L) an die Raumzeit abgegeben. Wenn ich an Sonnenstrahlen denke, meine ich eher Sonnenwinde in Form einer heißen Masse von Photonen, die mit der Lichtgeschwindigkeit c als verdrehte Sonnenwolken auf ihrem Weg von einem Stern (oder unserer Sonne) zu einer Planetenoberfläche (oder zur Erde) fliegen. Diese verdrehte heiße Photonenwolke (ein Sonnenstrahl) kann von einem Beobachter außerhalb der Planetenatmosphäre als sehr helles Licht gesehen werden und fühlt sich umso heißer an, je näher der Beobachter dem Stern (oder unserer Sonne) kommt. Photonen könnten sich also so stark abkühlen, dass sie in unserem expandierenden Universum zu verschwinden scheinen, aber auch das scheint nicht die Wahrheit zu sein. Photonen könnten nicht verschwinden, sie könnten sich von hell zu dunkel verändern, indem sie tiefer in das Quantenspektrum der Physik sinken.

$$(2)\ K_0 - K_1 = T/V^2 \times (-v^2/2) = (-T/V^2 \times v^2/2)$$

Kolek, Erik (2024). Über die physikalischen Grundlagen der interstellaren Raumfahrt. In: *Chroniken der Wirtschaftsinformatik-Physik (CWIP)*. Band 2, Auflagen-Nr. 1.0. ISBN: 9783758387944.

Wenn andererseits ein Schwarzes Loch die Temperatur T (Energie L) in Form von heißer Masse und Strahlung absorbiert, nimmt seine Masse um T/V^2 zu, und das Licht (heiße Masse der Photonen) wird ebenfalls positiv um $v^2/2$ beschleunigt. Die negative kinetische Energie eines Schwarzen Lochs wird also durch die Gleichung (3) angegeben. V bedeutet wiederum die Geschwindigkeit des Lichts in Form von Photonen und v bedeutet wiederum die Geschwindigkeit ihrer heißen Masse in Form von Quantenmaterie. Daher ist es wiederum verständlich, dass sich die kinetische Energie K_0 in Bezug auf das System (x', y', z', t') von der kinetischen Energie K_1 in Bezug auf ein anderes System (x, y, z, t) unterscheidet, wie ich bereits erklärt habe. Diese Differenz $K_0 + K_1$, die sich aus der Gleichung (3) ergibt, hat natürlich wieder eine leicht zu verstehende mehrdimensionale physikalische Logik. K_0 und K_1 stellen die kinetischen Energiewerte eines identischen Körpers oder eines Schwarzen Lochs dar, sind aber mit zwei in relativer Bewegung existierenden Koordinatensystemen verbunden. So ist ein Schwarzes Loch oder ein Stern in einem der Systeme (System (x', y', z', t')) (praktisch) nicht in Bewegung und ein anderer sehr großer Körper ist in relativer Bewegung zu diesem System (System (x, y, z, t)).

(3) $K_0 + K_1 = (-T/V^2) \times v^2/2 = (-T/V^2 \times v^2/2)$

Wenn ein dunkles Photon, als ein Beispiel für einen sehr kleinen Körper, die Temperatur T (Energie L) in Form von Masse und Wärme (Strahlung) absorbiert, nimmt seine Masse um T/V^2 zu und das Photonenvolumen (Lichtwärme) wird um $v^2/2$ positiv beschleunigt. Die kinetische Energie eines dunklen Photons wird also durch die Gleichung (4) angegeben. Wiederum steht V für die Licht- und Wärmegeschwindigkeit der Photonen und v für die Geschwindigkeit ihrer Volumenänderung in Form von heißer Quantenmaterie. Es sei daran erinnert, dass in dieser Modellannahme auch die Wärme eine Masse als Anteil der Photonenmasse hat. Als Konsequenz dieser Äquivalenzannahme von Wärme als Masse müssten die dunklen Photonen viel kleiner sein als die hellen Photonen. Dunkle Photonen sind für die Experimentalphysik heute wahrscheinlich noch unsichtbar. In unserem

Kolek, Erik (2024). Über die physikalischen Grundlagen der interstellaren Raumfahrt. In: *Chroniken der Wirtschaftsinformatik-Physik (CWIP)*. Band 2, Auflagen-Nr. 1.0. ISBN: 9783758387944.

expandierenden Universum könnte es also eine Reaktion oder Wechselwirkung zwischen hellen Photonen und dunklen Photonen geben, die jeder auf dem Planeten Erde als Licht und Wärme kennt.

$$(4)\ K_0 + K_1 = (-L/V^2) \times v^2/2 = (-L/V^2 \times v^2/2) = (2)\ K_0 - K_1 = L/V^2 \times (-v^2/2) = (-L/V^2 \times v^2/2)$$

Die beiden Gesetze der Quantenstrahlung (1) und (3) werden supersymmetrisch und relativistisch modelliert und visualisiert, um einen Überblick zu geben und ihre Bedeutung für die Astrophysik und Quantenphysik zu demonstrieren. Diese modellbasierte Darstellung deckt alle zuvor geklärten physikalischen Sachverhalte ab. Diese Visualisierung stellt einen Modellausschnitt unseres expandierenden Universums dar. Sie soll die Quantenstrahlungsgesetze (1) und (3) ohne tiefe mathematische Kenntnisse leicht verständlich machen. Beide Quantenstrahlungsgesetze könnten in der Astrophysik und Quantenphysik Anwendung finden, denn sie beziehen sich sowohl auf heiße Masse und Strahlung von Sternen und Schwarzen Löchern, die miteinander wechselwirken, als auch auf Masse und Wärme (Strahlung) von hellen Teilchen und dunklen Teilchen der Quantenmaterie, die als helle Photonen und dunkle Photonen miteinander wechselwirken. In einem offenen System können dunkle Materieteilchen aufgrund des Quantenstrahlungsgesetzes II (3) positiv und nicht negativ wie helle Photonen werden. In einem offenen System könnten also helle Teilchen mit dunklen Photonen über Wärme verbunden sein und das Quantenspektrum könnte trotz des Quantenstrahlungsgesetzes I (1) dunkel sein. Beide Arten von Teilchen (helle und dunkle Photonen) könnten also als Anti-Teilchen (Anti-Photonen) behandelt werden und wären niemals voneinander zu trennen. Vielleicht stellt ein Sonnenstrahl mit der Temperatur T (Energie L) eine molekular-kinetische Reaktion, aber auch eine molekular-elektromagnetische Reaktion zwischen bereits vorhandenen Anti-Photonen dar. Ein Sonnenstrahl könnte also eine besondere Art von Blitz sein, bei dem die Temperatur T (Energie L) dazu benutzt wird, Photonen mit

Kolek, Erik (2024). Über die physikalischen Grundlagen der interstellaren Raumfahrt. In: *Chroniken der Wirtschaftsinformatik-Physik (CWIP)*. Band 2, Auflagen-Nr. 1.0. ISBN: 9783758387944.

Lichtgeschwindigkeit V zu erzeugen und über die Volumenänderungsgeschwindigkeit v Wärme aufeinander zu übertragen. In der speziellen und allgemeinen Relativitätstheorie nach Albert Einstein (1905; 1916), die für die Astrophysik gilt, scheint eine identische mehrdimensionale physikalische Logik zu existieren für die Quantenphysik.

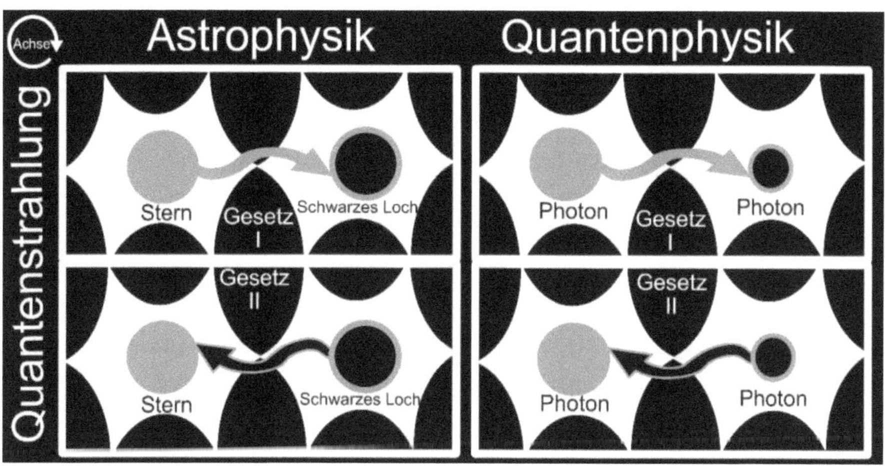

Abbildung 1. Quantenstrahlung in Astrophysik und Quantenphysik.

Was könnte also Licht sein? Licht könnte eine physikalische Reaktion von zwei Anti-Photonen aufgrund der Temperatur T (Energie L) darstellen, die von einem Beobachter mit der Lupe der Quantenphysik als Blitz gesehen wird (Abbildung 2). Dieser Blitz könnte einen Trialismus enthalten, der aus einer Welle, Teilchen und Energie oder einer Welle, Teilchen und Temperatur besteht. Helle Photonen könnten mit dunklen Photonen verschmelzen und Licht und Temperatur müssten entstehen, was von einem Beobachter auf allen Arten von (sehr großen) Körpern gesehen und gefühlt werden kann, nicht nur auf einem Planeten wie der Erde. In dieser Vorstellung des Quantenmodells könnte der Beobachter Billionen von sehr kleinen Sternen sehen, während er glaubt, dass das Licht leuchtet. Während Billionen von sehr kleinen Sternen leuchten, kann aus dem viel tieferen Quantenspektrum (wieder) kein sehr kleines Schwarzes Loch (dunkles Photon) entstehen. In dieser

Kolek, Erik (2024). Über die physikalischen Grundlagen der interstellaren Raumfahrt. In: *Chroniken der Wirtschaftsinformatik-Physik (CWIP)*. Band 2, Auflagen-Nr. 1.0. ISBN: 9783758387944.

Quantenmodellvorstellung könnte der Beobachter also auch Billionen sehr kleiner schwarzer Löcher sehen, während er glaubt, dass das Licht nicht leuchtet (ich meine Schatten).

Obwohl Billionen von sehr kleinen schwarzen Löchern im Schatten existieren könnten, sollte ihre Quantengravitation so extrem gering sein, dass Materie mit viel größerer Masse, wie dem Mensch in der Astrophysik, nichts passieren kann, da alle Lebewesen auch im Schatten leben können. Wie ich schon sagte, könnte der Beobachter in der Nacht Billionen von sehr kleinen schwarzen Löchern sehen, während er denkt, dass kein Licht scheint. Sehr kleine Schwarze Löcher könnten direkt in dem Moment entstehen (Punktereignis), in dem alle hellen Photonen einschließlich ihrer Temperatur T (Energie L) verschwunden sind oder besser von dunklen Photonen aufgezehrt wurden. Folglich könnte Licht über helle Photonen entstehen, die mit dunklen Photonen wechselwirken, welche die Energie L in Wärme (Temperatur T) umwandeln, was ein Beobachter mit der Lupe der Quantenphysik in jedem Moment (Punktereignis) als elektromagnetischen Blitz sehen könnte, sobald ein Anti-Photon die Energie L (Temperatur T) erhält. Wärme- und Temperaturänderungen von Anti-Photonen müssten auch durch die Quantengravitation erklärt werden können. Beide Arten von Photonen könnten in energetischen Teilchenwellenlinien in unserem expandierenden Universum existieren und sich bewegen. Anti-Photonen (als eine Art von Anti-Teilchen) könnten aufgrund der Quantengravitation als geometrische Kugeln und gleichzeitig aufgrund der Supergravitation als langgezogene Ellipsen existieren.

Wie könnte also Licht mit Wärme verbunden sein? Licht in Form von zwei Anti-Photonen (winzige Sterne, die mit winzigen Schwarzen Löchern wechselwirken) könnte Masse sein und Wärme in Form eines Massenanteils zwischen diesen Photonen. Man stelle sich vor, es gäbe nur Anti-Photonen mit unterschiedlichen Energie- oder Temperaturniveaus auf ihren Oberflächen, so dass Wärme nur über eine Anti-Photonen-Volumenänderung übertragen werden könnte, nachdem sie durch

Kolek, Erik (2024). Über die physikalischen Grundlagen der interstellaren Raumfahrt. In: *Chroniken der Wirtschaftsinformatik-Physik (CWIP)*. Band 2, Auflagen-Nr. 1.0. ISBN: 9783758387944.

wechselwirkende winzige Sterne und winzige Schwarze Löcher erzeugt wurden und somit die Energie L (Temperatur T) erhalten haben, um Licht zu realisieren, das als winziger Blitz für jede Anti-Photonen-Reaktion gesehen wird. Dann könnte Wärme über eine Anti-Photonen-Volumenänderung übertragen werden und das scheint die Wahrheit für helle Photonen und dunkle Photonen zu sein, die als unterschiedliche Energie- oder Temperaturniveaus messbar sind, wie sie in Licht und Schatten gegeben sind.

Aber es bleibt natürlich dabei, dass Anti-Photonen sehr kleine Körper darstellen und sich nicht wie Makro-Sterne und Makro-Schwarze Löcher verhalten könnten, aber sie könnten sich parallel dazu supersymmetrisch und relativistisch verhalten. Kleinere Anti-Photonen könnten dann kälter sein als größere Anti-Photonen. Große Anti-Photonen könnten heiß sein und kleine Anti-Photonen daher kalt. Große Anti-Photonen könnten abkühlen und immer kleiner werden. Kleine Anti-Photonen könnten wachsen, wenn sie heiß werden und so weiter.

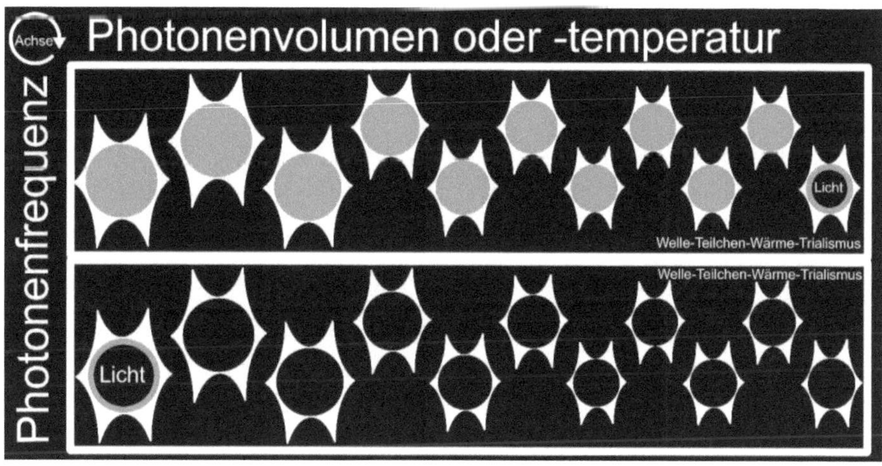

Abbildung 2. Frequenz und Volumen von hellen und dunklen Photonen könnten in der Quantenphysik existieren.

Kolek, Erik (2024). Über die physikalischen Grundlagen der interstellaren Raumfahrt. In: *Chroniken der Wirtschaftsinformatik-Physik (CWIP)*. Band 2, Auflagen-Nr. 1.0. ISBN: 9783758387944.

Evaluation

Für ein Schwarzes Loch ist das Quantenspektrum der emittierten und/oder absorbierten Materie thermisch und wird für die Emission als eine in der Physik allgemein akzeptierte Strahlungstemperatur des Schwarzkörpers angegeben – die Hawking-Temperatur wird in natürlichen Einheiten und $T_H = k / 2\pi$ angegeben (Hawking, 1974; 1975). Im internationalen Einheitensystem (abgekürzt SI-Einheiten) wird sie zu $T_H = hk / 2\pi c k_B$ umgerechnet (Hawking, 1974; 1975). Die Schwarzschild-Gravitation in SI-Einheiten für die Oberfläche eines Schwarzen Lochs ist gekennzeichnet durch $k = c^4 / 4GM$ (Schwarzschild, 1916). Für die Masse M des Schwarzen Lochs ist die Hawking-Temperatur dann umgekehrt proportional zur Gleichung (6). Die Hawking-Temperatur umfasst also das reduzierte Plancksche Wirkungsquantum (h), die Lichtkonstante (c), die Gravitationskonstante (G), die Masse des Schwarzen Lochs (M) und die Boltzmann-Konstante (k_B) (Hawking, 1974; 1975).

(6) $T_{H1} = hc^3 / 8\pi GMk_B$ (Massenabnahme führt zu Temperaturanstieg)

Daher scheint die Hawking-Temperatur mit der Modellannahme vereinbar zu sein: Wenn ein Schwarzes Loch die Temperatur T (Energie L) in Form von Masse und Strahlung abgibt, nimmt seine Masse um T/V^2 ab. Hier nimmt die Hawking-Temperatur zu, aber sie müsste auch zunehmen, wenn ein Schwarzes Loch die Temperatur T in Form von Masse und Strahlung aufnimmt, seine Masse nimmt um T/V^2 zu. Ich erhalte also eine zweite Hawking-Temperatur (7).

(7) $T_{H2} = 8\pi GMk_B / hc^3$ (Massenzunahme führt zu Temperaturerhöhung)

Für ein Schwarzes Loch, das Masse und Strahlung absorbiert und abgibt, wird die vollständige Hawking-Temperatur durch die Gleichung (8) angegeben. Alle Terme basieren nun auf einer fortgeschrittenen molekular-kinetischen Theorie von Licht und Wärme, die supersymmetrisch die Temperaturänderungen am Ereignishorizont während der laufenden Massenanpassung eines Schwarzen Lochs erklärt.

Kolek, Erik (2024). Über die physikalischen Grundlagen der interstellaren Raumfahrt. In: *Chroniken der Wirtschaftsinformatik-Physik (CWIP)*. Band 2, Auflagen-Nr. 1.0. ISBN: 9783758387944.

(8) T_{H3} = hc^3 / 8πGMk$_B$ + 8πGMk$_B$ / hc^3 (Massenänderung führt zu Temperaturänderung)

Da in der Quantenphysik die Energie L (Temperatur T) eines Anti-Photons auch eine Art von Energie in Form der Gravitation G sein könnte, muss ich das für die Astrophysik relevante G durch das für die Quantenphysik relevante L ersetzen. Für ein Schwarzes Loch, das Masse und Strahlung absorbiert und freisetzt, wird die vollständige Hawking-Temperatur einschließlich der Energie L anstelle der Gravitation G durch die Gleichung (9) angegeben.

(9) T_{H4} = hc^3 / 8πLMk$_B$ + 8πLMk$_B$ / hc^3 (Massenänderung führt zu Energieänderung)

Wenn die Energie L gleich Null ist, sollte auch die Temperatur T gleich Null sein, was bedeutet, dass zu diesem Zeitpunkt (Punktereignis) keine Temperaturerscheinung am Ereignishorizont eines (winzigen) Schwarzen Lochs existiert. Nimmt die Energie L zu, so sollte auch die Temperatur T in Abhängigkeit von der Masse eines (winzigen) Schwarzen Lochs zunehmen. So erhalte ich für ein unbewegtes Anti-Photon nach Umformung der Gleichung (9) die neue Einstein-Hawking-Energie L_{EH1} (10).

(10) L_{EH1} = T / (hc^3 + 8πMk$_B$) (Massenabnahme führt zu Temperaturanstieg)

(10.1) T = hc^3 / 8πLMk$_B$ + 8πLMk$_B$ / hc^3 // × hc^3

(10.2) T × hc^3 = h^{2}c^6 / 8πLMk$_B$ + 8πLMk$_B$ // × 8πLMk$_B$

(10.3) T × hc^3 × 8πLMk$_B$ = h^{2}c^6 + (8πLMk$_B$)^2 // /(hc^3 × 8πLMk$_B$)

(10.4) T = hc^3 + 8πLMk$_B$ // /L

(10.5) T / L = hc^3 + 8πMk$_B$ // /T

(10.6) 1 / L = (hc^3 + 8πMk$_B$) / T

(10.7) L / 1 = T / (hc^3 + 8πMk$_B$)

Kolek, Erik (2024). Über die physikalischen Grundlagen der interstellaren Raumfahrt. In: *Chroniken der Wirtschaftsinformatik-Physik (CWIP)*. Band 2, Auflagen-Nr. 1.0. ISBN: 9783758387944.

Ausgehend von der Einstein-Hawking-Energie L_{EH1} (10) kann ich auch die Einstein-Hawking-Masse M_{EH1} (11) definieren.

(11) $M_{EH1} = (T - hc^3) / 8\pi k_B$

(11.1) $L \times (hc^3 + 8\pi M k_B) = T$

(11.2) $Lhc^3 + 8\pi L M k_B = T$

(11.3) $8\pi L M k_B = T - Lhc^3$

(11.4) $M = (T - Lhc^3) / 8\pi L k_B$

(11.5) $M = (T - hc^3) / 8\pi k_B$

Es ist mir auch gelungen, auf der Grundlage der Einstein-Hawking-Masse M_{EH1} (11) eine fortschrittliche Kolek-Boltzmann-Konstante (k_{KB}) (12) zu finden, die alle denkbaren Gleichungen verbessern müsste, die noch die bisherige Boltzmann-Konstante (k_B) enthalten. Eine erweiterte Konstante führt also im Allgemeinen zu einer erweiterten Physik.

(12) $k_{KB} = (T - hc^3) / 8\pi M$

(12.1) $8\pi M k_B = (T - hc^3)$

(12.2) $k_B = (T - hc^3) / 8\pi M$

Für ein Schwarzes Loch, das Masse und Strahlung absorbiert und freisetzt, wird die vollständige Hawking-Temperatur auf der Grundlage der Energie L durch die Gleichung (9) angegeben, die verwendet wird, um ein fortgeschrittenes Kolek-Plancksches Wirkungsquantum (h_{KP}) (13) zu finden.

(13) $h_{KP} = T_{H4} / (c^3 + 8\pi L M k_B)$

(13.1) $T_{H4} = hc^3 / 8\pi L M k_B + 8\pi L M k_B / hc^3$

(13.2) $T_{H4} \times hc^3 = h^2 c^6 / 8\pi L M k_B + 8\pi L M k_B$

Kolek, Erik (2024). Über die physikalischen Grundlagen der interstellaren Raumfahrt. In: *Chroniken der Wirtschaftsinformatik-Physik (CWIP)*. Band 2, Auflagen-Nr. 1.0. ISBN: 9783758387944.

(13.3) $T_{H4} \times hc^3 \times 8\pi LMk_B = h^2c^6 + (8\pi LMk_B)^2$

(13.4) $T_{H4} \times h = h^2c^3 + 8\pi LMk_B$

(13.5) $1 / h = (c^3 + 8\pi LMk_B) / T_{H4}$

(13.6) $h / 1 = T_{H4} / (c^3 + 8\pi LMk_B)$

Für ein Schwarzes Loch, das Masse und Strahlung absorbiert und abgibt, wird die vollständige Hawking-Temperatur auf der Grundlage der Energie L durch die Gleichung (9) angegeben, die auch zur Ermittlung einer erweiterten Kolek-Lichtwärmekonstante (c_K) verwendet werden kann (14). Die Kolek-Lichtwärmekonstante (c_K) erklärt, wie schnell Wärme über Licht nicht nur in der Raumzeit, sondern auch in ruhenden Flüssigkeiten übertragen wird. Diese Kolek-Licht-Wärmekonstante (c_K) könnte eine fortgeschrittene Lasertechnologie, die sogenannte Phasertechnologie, ermöglichen.

(14) $c_K = 3\sqrt{[T_{H4} / (h + 8\pi LMk_B)]}$

(14.1) $T_{H4} = hc^3 / 8\pi LMk_B + 8\pi LMk_B / hc^3$

(14.2) $T_{H4} \times hc^3 = h^2c^6 / 8\pi LMk_B + 8\pi LMk_B$

(14.3) $T_{H4} \times hc^3 \times 8\pi LMk_B = h^2c^6 + (8\pi LMk_B)^2$

(14.4) $1 / c^3 = (h + 8\pi LMk_B) / T_{H4}$

(14.5) $c^3 / 1 = [T_{H4} / (h + 8\pi LMk_B)]$

(14.6) $c = 3\sqrt{[T_{H4} / (h + 8\pi LMk_B)]}$

Da die vollständige Hawking-Temperatur (9) aufgrund des Äquivalenzprinzips die Energie L anstelle der Gravitation G enthält, sind auch einige neue Erkenntnisse über die Gravitation G und die Energie L aufgrund der Gleichungen (10), (11), (12), (13) und (14) möglich, denn ich erhalte auch einige neue Einstein-Hawking-Gravitationsgleichungen (15a), (16a), (17a), (18a) und (19a), und einige neue

Kolek, Erik (2024). Über die physikalischen Grundlagen der interstellaren Raumfahrt. In: *Chroniken der Wirtschaftsinformatik-Physik (CWIP)*. Band 2, Auflagen-Nr. 1.0. ISBN: 9783758387944.

Einstein-Hawking-Energiegleichungen (15b), (16b), (17b), (18b) und (19b); aber der mathematischen Vollständigkeit halber gibt es auch über die vollständige Hawking-Temperatur (9) vereinfachte Aussagen (15c), (16c), (17c), (18c), und (19c) mit verschiedenen Abhängigkeiten möglich. Diese vereinfachten Aussagen kamen zustande, weil ich immer wieder mathematische Annäherungen vornahm. Alle Gleichungen stellen Konsequenzen einer neuen Einstein-Hawking-Theorie dar, die eine Forschungsarbeit jenseits des Standardmodells der Physik darstellt, und damit eine neue Theorie von Allem, die notwendig ist, um dieses Standardmodell der Physik erfolgreich zu erweitern. Um diese neue Theorie von Allem weiter zu verbessern, muss ich (denke ich) zu einem Schwarzen Loch reisen und sein Verhalten in der Raumzeit beobachten, zum Beispiel mit einem Warpraumschiff.

(10) $L_{EH1} = T_{H4} / (hc^3 + 8\pi M k_B)$

(11) $M_{EH1} = (T_{H4} - hc^3) / 8\pi k_B$

(12) $k_{KB} = (T_{H4} - hc^3) / 8\pi M$

(13) $h_{KP} = T_{H4} / (c^3 + 8\pi L M k_B)$

(14) $c_K = 3\sqrt{[T_{H4} / (h + 8\pi L M k_B)]}$

(15.a) $G_{EH1} = T_{H4} / (hc^3 + 8\pi M k_B)$

(15.b) $L_{EH1} = G / (hc^3 + 8\pi M k_B)$

(15.c) $T_{EH1} = G_{EH1} \times (hc^3 + 8\pi M k_B)$

(16.a) $M_{EH1} = (G - hc^3) / 8\pi k_B$

(16.b) $M_{EH1} = (L - hc^3) / 8\pi k_B$

(16.c) $M_{EH1} = (T - hc^3) / 8\pi k_B$

(16.d) $G_{EH1} = 8\pi M k_B + hc^3$

Kolek, Erik (2024). Über die physikalischen Grundlagen der interstellaren Raumfahrt. In: *Chroniken der Wirtschaftsinformatik-Physik (CWIP)*. Band 2, Auflagen-Nr. 1.0. ISBN: 9783758387944.

(16.e) $L_{EH1} = 8\pi M k_B + hc^3$

(16.f) $T_{EH1} = 8\pi M k_B + hc^3$

(17.a) $k_{KB} = (G - hc^3) / 8\pi M$

(17.b) $k_{KB} = (L - hc^3) / 8\pi M$

(17.c) $k_{KB} = (T - hc^3) / 8\pi M$

(17.d) $G_{EH1} = 8\pi M k_{KB} + hc^3$

(17.e) $L_{EH1} = 8\pi M k_{KB} + hc^3$

(17.f) $T_{EH1} = 8\pi M k_{KB} + hc^3$

(18.a) $h_{KP} = G / (c^3 + 8\pi L M k_B)$

(18.b) $h_{KP} = L / (c^3 + 8\pi G M k_B)$

(18.c) $h_{KP} = T / (c^3 + 8\pi G M k_B)$

(18.d) $G = h_{KP} \times (c^3 + 8\pi L M k_B)$

(18.e) $L = h_{KP} \times (c^3 + 8\pi L M k_B)$

(18.f) $T = h_{KP} \times (c^3 + 8\pi L M k_B)$

(19.a) $c_K = 3\sqrt{[G / (h + 8\pi L M k_B)]}$

(19.b) $c_K = 3\sqrt{[G / (h + 8\pi T M k_B)]}$

(19.c) $c_K = 3\sqrt{[L / (h + 8\pi G M k_B)]}$

(19.d) $c_K = 3\sqrt{[L / (h + 8\pi T M k_B)]}$

(19.e) $c_K = 3\sqrt{[T / (h + 8\pi G M k_B)]}$

(19.f) $c_K = 3\sqrt{[T / (h + 8\pi L M k_B)]}$

Kolek, Erik (2024). Über die physikalischen Grundlagen der interstellaren Raumfahrt. In: *Chroniken der Wirtschaftsinformatik-Physik (CWIP)*. Band 2, Auflagen-Nr. 1.0. ISBN: 9783758387944.

(19.g) $c_K = 3\sqrt{[1 / (h + 8\pi M k_B)]}$

(19.h) $G_{EH1} = c_K^3 \times (h + 8\pi L M k_B)$

(19.i) $G_{EH1} = c_K^3 \times (h + 8\pi T M k_B)$

(19.j) $L_{EH1} = c_K^3 \times (h + 8\pi G M k_B)$

(19.k) $L_{EH1} = c_K^3 \times (h + 8\pi T M k_B)$

(19.l) $T_{EH1} = c_K^3 \times (h + 8\pi G M k_B)$

(19.m) $T_{EH1} = c_K^3 \times (h + 8\pi L M k_B)$

(19.n) $1 = c_K^3 \times (h + 8\pi M k_B)$

(19.o) $h_{EH1} = 1 / c_K^3 - 8\pi M k_B$

(19.p) $k_{EH1} = (1 / c_K^3 - h_{EH1}) / 8\pi M$

(19.q) $M_{EH1} = (1 / c_K^3 - h_{EH1}) / 8\pi k_B$

(19.r) $\pi_{EH1} = (1 / c_K^3 - h_{EH1}) / 8 M k_B$

Die Gleichung 20 könnte der Urkraft der Sonne entsprechen aus der einst das Universum mittels Urknall geboren wurde; es ist also wahrscheinlich anzunehmen, dass sich die Menschheit in einem Schwarzen Loch befinden könnte, das sich durch Reibung an einem anderen Universum wiederum auch (jederzeit von alleine) zurück zu einem Stern entzünden könnte. Ein weiterer zerstörerischer Urknall mittels dem unser Schwarzes Universum (Schwarzes Loch) wieder zum hellen Universum (Stern) wahrscheinlich werden könnte, in dem keine Lebewesen existieren können aufgrund der hohen Hawking-Temperatur. Diese *Einstein-Hawking-Theorie* entspricht wahrscheinlich tatsächlich einer physikalisch realen *Theory of Everything*, welche den möglichen Gravitationskollaps beschreibt.

(20) $L = E = T m c^2 = G m c^2$

Kolek, Erik (2024). Über die physikalischen Grundlagen der interstellaren Raumfahrt. In: *Chroniken der Wirtschaftsinformatik-Physik (CWIP)*. Band 2, Auflagen-Nr. 1.0. ISBN: 9783758387944.

Wenn ich mir einen Kreis am Äquator einer Kugel oder eher eine Ellipse vorstelle, ergeben sich überraschenderweise auch einige neue Erkenntnisse über die Größe unseres expandierenden Universums. Vielleicht könnten die Geometriegleichungen (21), (22), (23) und (24) helfen, ein Metallkugelgestell um die Sonne oder andere Planeten und Sterne zu entwickeln und zu bauen, denn ein Warpraumschiff könnte jetzt auch entwickelt und gebaut werden, weil die Menschheit eine neue Definition von pi (π) hat. Ärzte können π mit oder ohne die Expansionsgeschwindigkeit v schreiben. Aufgrund unserer Beobachtungen weiß ich im Allgemeinen, dass sich unser Universum mit der Geschwindigkeit v positiv ausdehnt, deshalb nehme ich an, dass es nicht negativ schrumpft und deshalb müssen alle Gleichungsergebnisse auch positiv sein, und insbesondere ist diese physikalische Tatsache wichtig für die Universumsgleichung (23). In diesem Fall bildet (23) π den besten Schätzer für die Größe des Universums, weil die meisten in der Physik allgemein akzeptierten Konstanten enthalten sind, mit Ausnahme der Masse M, die wir bereits für sichtbare und unsichtbare Quantenmaterie näherungsweise berechnet haben sollten. Die Frage für die Experimentalphysik lautet nun: Wie groß ist das Universum in Wirklichkeit und was kann die Menschheit daraus für die Entwicklung der Weltraumtechnologie lernen?

Dieses neue Pi kann in jede geometrische Gleichung eingesetzt werden, in der π enthalten ist, insbesondere in der (theoretischen) Physik, aber auch in anderen Disziplinen wie der Mathematik.

(21) $v\pi = (Ghc^3 - h^2c^6) / 8LMk_B$

(22) $v\pi = (T_{H4}hc^3 - h^2c^6) / 8GMk_B$

(23) $-v\pi = (-hc^3) / 8Mk_B = v\pi = (hc^3) / 8Mk_B$

(24) $v\pi = (T_{H4}hc^3 - h^2c^6) / 8LMk_B$

(24.1) $T_{H4} = hc^3 / 8\pi LMk_B + 8\pi LMk_B / hc^3$

Kolek, Erik (2024). Über die physikalischen Grundlagen der interstellaren Raumfahrt. In: *Chroniken der Wirtschaftsinformatik-Physik (CWIP)*. Band 2, Auflagen-Nr. 1.0. ISBN: 9783758387944.

(24.2) $T_{H4} \times hc^3 \times 8\pi LMk_B = h^2c^6 + (8\pi LMk_B)^2$

(24.3) $T_{H4}hc^3 - h^2c^6 = 8\pi LMk_B$

(24.4) $\pi = (T_{H4}hc^3 - h_2c^6) / 8LMk_B$

Da Licht und Wärme eine Reaktion von Anti-Photonen sein könnte, die elektromagnetisch verkettet sein könnten und bei denen deshalb nur die Energie L (Temperatur T) in einem Koordinatensystem (x', y', z', t') relativ zu den Koordinatensystemen (x, y, z, t) der Anti-Photonen in kinetischer Bewegung ist, kann ich annehmen, dass sich die Temperatur T eines Anti-Photons auf seiner kugelförmigen oder wahrscheinlicher elliptischen Oberfläche wie die Temperatur T eines Schwarzen Lochs an seinem Ereignishorizont verhalten müsste.

Wenn also ein bewegtes Anti-Photon, als Beispiel für einen sehr kleinen Körper, die Einstein-Hawking-Energie L in Form von Masse und Wärme (Strahlung) freisetzt, nimmt seine Masse um L_{EH1}/V^2 ab und seine Oberfläche (Licht) wird um $v^2/2$ beschleunigt. Damit bekomme ich auch für bewegte Sterne in der Astrophysik die relevante Gleichung (25).

(25) $K_0 - K_1 = L_{EH1}/V^2 \times v^2/2 = ([T / (2 + 8\pi Mk_B)]/V^2 \times v^2/2)$

Wenn andererseits ein bewegtes Anti-Photon die Einstein-Hawking-Energie L in Form von Masse und Wärme (Strahlung) absorbiert, nimmt seine Masse um L_{EH1}/V^2 zu und seine Oberfläche (Licht) wird ebenfalls um $v^2/2$ beschleunigt. Daher bekomme ich auch für sich bewegende sehr große Körper wie Schwarze Löcher in der Astrophysik die relevante Gleichung (26).

(26) $K_0 + K_1 = -(L_{EH1}/V^2 \times v^2/2) = -([T / (2 + 8\pi Mk_B)]/V^2 \times v^2/2)$

Durch Umformung der Formel (10) erhalte ich die Einstein-Hawking-Temperatur T für ein unbewegtes Anti-Photon (27).

(27) $T_{EH1} = L_{EH1} \times (2 + 8\pi Mk_B)$ (Massenabnahme führt zu Energieabnahme)

Kolek, Erik (2024). Über die physikalischen Grundlagen der interstellaren Raumfahrt. In: *Chroniken der Wirtschaftsinformatik-Physik (CWIP)*. Band 2, Auflagen-Nr. 1.0. ISBN: 9783758387944.

Ausgehend von Einstein (1906) für die Brownsche Bewegung im Falle eines bewegten Anti-Photons, das in einer Raumzeit mit $t = 1$ schwebt und sich entlang der x-Achse bewegt, erhalte ich für die Fortbewegungsgeschwindigkeit dieses sehr kleinen Körpers V_x (28) und für seine Winkelgeschwindigkeit V_r (29). Dabei steht P für den Radius einer Kugel, R ist die Gaskonstante, N die Menge der Anti-Photonen in einem Gramm Raumzeit.

(28) $V_x = \sqrt{(R[L_{EH1} \times (2 + 8\pi M k_B)]/N \times 1/3\pi k_B P)} = \sqrt{(R[L_{EH1} \times (2 + 8M)]/ 3NP)}$

(29) $V_r = \sqrt{(R[L_{EH1} \times (2 + 8\pi M k_B)]/N \times 1/4\pi k_B P^3)} = \sqrt{(R[L_{EH1} \times (1 + 4M)]/ 2NP^3)}$

Da es in der experimentellen Quantenphysik sehr schwierig sein wird, alle Anti-Photonen in der Raumzeit zu zählen, empfehle ich, R und N aus der Photonenbewegung (28) und (29) zu streichen, was zu einer bodenständigeren Theorie der Geschwindigkeit (30) und (31) führt. Für die Quantenbewegung eines Anti-Photons scheint seine Rotationsgeschwindigkeit V_r in Abhängigkeit von seinem Radius P fast genauso groß zu sein wie seine Fortbewegungsgeschwindigkeit V_x auf der x-Achse. Eine Vergrößerung von P verlangsamt die Rotationsgeschwindigkeit V_r des Anti-Photons und etwas weniger seine Fortbewegungsgeschwindigkeit V_x. Ganz anders verhält es sich mit der Masse eines Photons. Eine Erhöhung von M beschleunigt die Fortbewegungsgeschwindigkeit V_x des Anti-Photons um das Doppelte und seine Rotationsgeschwindigkeit V_r nur um die Hälfte.

(30) $V_x = \sqrt{([L_{EH1} \times (2 + 8M)]/ 3P)}$

(31) $V_r = \sqrt{([L_{EH1} \times (1 + 4M)]/ 2P^3)}$

Allgemein muss daran gedacht werden, dass ich für die Bewegung eines sehr kleinen Körpers die Schwerkraft G gegen die Energie L ausgetauscht habe, weil alle relevanten Quantenfeldtheorien in der Quantenphysik vereinheitlicht werden sollten. Durch Umrechnung von (30) und (31) erhalte ich die zweite Einstein-Hawking-Energie L_{EH2}, die notwendig ist, um ein Anti-Photon auf der x-Achse zu bewegen (32)

Kolek, Erik (2024). Über die physikalischen Grundlagen der interstellaren Raumfahrt. In: *Chroniken der Wirtschaftsinformatik-Physik (CWIP)*. Band 2, Auflagen-Nr. 1.0. ISBN: 9783758387944.

und seine Rotationsgeschwindigkeit zu kontrollieren, beides abhängig von seiner Masse (33).

(32) $L_{EH2} = (V_x^2 \times P) / (3/2 + 3/8M)$

(33) $L_{EH2} = (V_r^2 \times P^3) / (1/2 + 2M)$

Für die Astrophysik nehme ich aus (33) an, dass die Gravitation G eines bewegten Körpers oder einer Kugel auch von seiner Rotationsgeschwindigkeit (33) abhängig ist, während er sich auf der x-Achse (32) bewegt. Sobald Körper beschleunigt werden, sollte diese Abhängigkeit zunehmen. Wenn ich also auf der einen Seite der x-Achse die Gravitation G eines Schwarzen Loches, als Beispiel einer gekrümmten Singularität, habe und auf der anderen Seite einen Planeten, wie die Erde, der in dieser tiefen Singularität wie ein Fußball rollt und dabei schwerer wird, sollten beide Geschwindigkeiten ebenfalls zunehmen. Ich nehme wieder an und wende das Äquivalenzprinzip zwischen Gravitation und Energie an, weil beide die gleiche Wirkung haben können, nämlich Beschleunigung. So erhalte ich aus der Gleichsetzung der Einstein-Hawking-Energie L_{EH2} mit der Quantengravitation (34).

(34) $(V_x^2 \times P) / (3/2 + 3/8M) + (V_r^2 \times P^3) / (1/2 + 2M) = G \times [(m_1 \times m_2) / r^2] \times -([T / (2 + 8\pi Mk_B)]/V^2 \times v^2/2)$

Um die Beschleunigungswirkung der Schwerkraft G oder der Energie L zu beschreiben, könnte als Erklärung eine Abhängigkeit aufgrund der Wechselwirkung zwischen Massen, Entfernungen, Geschwindigkeiten, Licht und Wärme, angegeben als Temperatur, bestehen. Daher kann die Schwerkraft G mit der Einstein-Hawking-Energie L_{EH1} (35) ausgetauscht werden.

(35) $(V_x^2 \times P) / (3/2 + 3/8M) + (V_r^2 \times P^3) / (1/2 + 2M) = [T / (2 + 8\pi Mk_B)] \times [(m_1 \times m_2) / r^2] \times -([T / (2 + 8\pi Mk_B)]/V^2 \times v^2/2)$

Wenn also Wärme auch eine Masse hat und wenn Wärme einen Massenanteil eines Körpers darstellt, sollte die Gravitation hauptsächlich von Entfernungen und

Kolek, Erik (2024). Über die physikalischen Grundlagen der interstellaren Raumfahrt. In: *Chroniken der Wirtschaftsinformatik-Physik (CWIP)*. Band 2, Auflagen-Nr. 1.0. ISBN: 9783758387944.

Geschwindigkeiten abhängig sein. Wenn also ein sehr großer Körper wie ein Stern eine höhere Temperatur hat als ein Stern mit gleicher Masse, sollte er trotzdem auch eine höhere Schwerkraft G sowie Energie L haben. Für Planeten gilt, je näher sie an einem Stern sind, desto größer sollte ihr Temperatur-Masse-Anteil eine zunehmende Wirkung auf ihre Schwerkraft haben.

Newtons Gravitationstheorie (1687) könnte im Sinne höherer Genauigkeit verbessert werden, wenn ich Temperatur und Relativgeschwindigkeit V_{rel} einfüge, die ein Beobachter von einem unbewegten Körper mit Fortschritts- und Rotationsgeschwindigkeit V_0 aus gesehen hat, wobei beide Körper einschließlich ihrer Massen in zwei Koordinatensystemen in Relativbewegung zueinander stehen. Daraus ergibt sich eine Newton-Einstein-Gravitationstheorie (36).

(36) $V_{rel} = V_{x0} - V_{x1} + V_{r0} - V_{r1}$ UND $[G] \times (T_1 m_1 \times T_2 m_2) / (r V_{rel})^2$

Die Schwerkraft G in (36) kann durch die Einstein-Hawking-Energie L_{EH1} (10) ersetzt werden, was zu (37) führt, und zwar aufgrund des Äquivalenzprinzips zwischen der Schwerkraft G und der Energie L und weil beide die gleiche Wirkung haben können, nämlich die Beschleunigung. Wenn beispielsweise ein souveränes Raumschiff Energie verbraucht, um zu fliegen, oder wenn es sich bewegt, weil die Schwerkraft eines sehr großen Körpers auf es einwirkt, wird beides von einem Beobachter im Inneren als Beschleunigung wahrgenommen.

(37) $V_{rel} = V_{x0} - V_{x1} + V_{r0} - V_{r1}$ UND $[T / (2 + 8\pi M k_B)] \times (T_1 m_1 \times T_2 m_2) / (r V_{rel})^2$

Die Stokessche Regel lautet (38) $v_2 \leq v_1$ und bedeutet, dass ein nachfolgendes Lichtquant oder Photon die gleiche oder eine geringere Energie enthalten müsste als das davor liegende Lichtquant oder Photon in der Materiewelle (Einstein, 1905b). Nach Einstein (1905b) müsste die Energie L also immer konstant sein oder sie könnte auf ihrem Weg, der aus einer Photonen-Materiewelle besteht, abnehmen, aber sie wird nie Null sein, weil Lichtquanten oder Photonen immer leuchten müssten, unabhängig davon, wie groß oder klein sie sind. Außerhalb eines sehr großen Körpers in der

Kolek, Erik (2024). Über die physikalischen Grundlagen der interstellaren Raumfahrt. In: *Chroniken der Wirtschaftsinformatik-Physik (CWIP)*. Band 2, Auflagen-Nr. 1.0. ISBN: 9783758387944.

Raumzeit, wie in einem Stern oder Schwarzen Loch, kann ich davon ausgehen, dass die Temperatur von $v_2 \leq v_1$ sowie seine Energie L $v_2 \leq v_1$ sein sollte.

(38) $v_2 \leq v_1$ (Stokessche Regel I: Energie L von $v_2 \leq v_1$ wenn die Temperatur von $v_2 \leq v_1$)

Für Einstein (1905b) sind zwei Abweichungen von der Stokesschen Regel möglich: (a) Die Menge der erzeugten Energie ist so groß, dass ein Lichtquant oder Photon aus mehreren Lichtquanten oder Photonen Energie gewinnen kann, und (b) wenn das erzeugte Licht in seiner Energie L nicht gleich ist, wie es bei der Schwarzen Strahlung nach dem Wienschen Gesetz der Fall ist, zum Beispiel wenn das Licht von einem Stern oder Schwarzen Loch mit extrem hohen Temperaturen erzeugt wird, wo für die Wellenlänge das Wiensche Gesetz nicht mehr gilt.

Ich stimme mit Einstein (1905b) überein, dass sich eine nicht-Wiensche Strahlung, auch in großer Reduktion, in einem anderen Energieverhältnis verhalten könnte als eine Schwarze Strahlung als gültige Form der Wienschen Strahlung. Folglich nehme ich für eine nicht-Wiensche Strahlung eine zweite Stokessche Regel (39) $v_2 \geq v_1$ an. In einem sehr großen Körper in der Raumzeit, wie in einem Stern oder Schwarzen Loch, müsste also die Temperatur von $v_2 \geq v_1$ sein, die Energie L von v_2 müsste ebenfalls $\geq v_1$ sein. Das liegt auch daran, dass, wenn v_2 näher am Zentrum eines solchen sehr großen Körpers ist als v_1, es auch heißer sein sollte, nicht nur wegen des Drucks, sondern auch, weil mehr Photonen miteinander wechselwirken oder ineinander verschmelzen, je näher es zum Zentrum des Sterns oder Schwarzen Lochs kommt.

(39) $v_2 \geq v_1$ (Stokessche Regel II: Energie L von $v_2 \geq v_1$ wenn die Temperatur von $v_2 \geq v_1$)

Denke ich an Schwarze Strahlung, die von einem Schwarzen Loch emittiert wird, sollte (38) Stokessche Regel I auch für Strahlung außerhalb eines Schwarzen Lochs gelten. Außerhalb eines Schwarzen Lochs sollten dunkle Photonen aufgrund der

Kolek, Erik (2024). Über die physikalischen Grundlagen der interstellaren Raumfahrt. In: *Chroniken der Wirtschaftsinformatik-Physik (CWIP)*. Band 2, Auflagen-Nr. 1.0. ISBN: 9783758387944.

Gravitation aus allen Dimensionen auseinandergezogen werden und die Wärme nimmt ab, je weiter sich die Photonen vom Zentrum entfernen. Im Inneren eines Schwarzen Loches könnte die Strahlung aus dieser physikalischen Sicht anders sein, (39) die Stokessche Regel II sollte für die Strahlung im Inneren eines Schwarzen Loches gelten. Im Inneren eines Schwarzen Lochs sollten die dunklen Photonen aufgrund der Schwerkraft zusammengedrückt werden und die Wärme nimmt zu, je näher die Photonen dem Zentrum kommen.

Zumindest ein Teil der Schwarzen oder Dunklen Strahlung sollte niemals aus einem Schwarzen Loch entweichen, aber sie versucht ständig zu entkommen und ein Teil davon wird bei jedem Versuch zurückgezogen, weil diese Art von Strahlung auch Materie sein müsste. Wenn ich an einen Stern denke, könnte ich mir vorstellen, dass dies auch für helle Strahlung gilt, aber in einem viel geringeren Ausmaß wegen der geringeren Schwerkraft im Vergleich zu einem Schwarzen Loch. Das bringt mich dazu, anders über Licht (und Wärme) zu denken.

Wenn also Licht nur dann sichtbar ist, wenn eine Wechselwirkung aufgrund der Energie L von heller und dunkler Strahlung oder Photonen stattfindet, sollte es klar sein, wann es hell (Tag) oder dunkel (Nacht) ist. In unserem expandierenden Universum wäre es immer und überall dunkel, wenn keine helle Strahlung von Sternen emittiert wird. Ohne Sterne müssten Schwarze Löcher für die Dunkelheit überall verantwortlich sein. Vielleicht sehen Schwarze Löcher in einem expandierenden Universum mit mehr als vier Dimensionen sogar anders aus. Dann würde ein Schwarzes Loch für einen Beobachter wie ein hohler Stern aussehen, in dessen Innerem sich eine Schwarze Perle befindet. Auf der anderen Seite müssten Sterne ohne Schwarze Löcher überall für Helligkeit sorgen. Da es in unserem expandierenden Universum Sterne und Schwarze Löcher gibt, müssten dunkle und helle Strahlung in Form von Licht interagieren, was durch die Energie L repräsentiert wird, und eine sichtbare Materie von dunkel zu hell wechseln. Jedes Mal, wenn helle und dunkle Photonen zusammentreffen, sollte Licht erzeugt werden, solange die

Kolek, Erik (2024). Über die physikalischen Grundlagen der interstellaren Raumfahrt. In: *Chroniken der Wirtschaftsinformatik-Physik (CWIP)*. Band 2, Auflagen-Nr. 1.0. ISBN: 9783758387944.

Energie L nicht vollständig von dunklen Photonen verbraucht wird. Meiner Schlussfolgerung nach sollten dunkle Photonen Quanten-Schwarze Löcher und helle Photonen Quanten-helle Sterne darstellen.

Ich kann dies noch weiter denken und daher annehmen, dass sich ein Quantenstern und ein Makrostern sowie ein Quanten-Schwarzes Loch und ein Makro-Schwarzes Loch ähnlich verhalten müssten und der Unterschied zwischen ihnen die Wärme sein müsste. Wenn ich mir ein Mikro-Schwarzes Loch mit der gleichen Masse wie ein Mikro-Stern vorstelle, sollte die Gravitation G wegen der Wärme T dennoch unterschiedlich sein. Dieser Unterschied in der Schwerkraft G müsste auch für Makroobjekte wie Sterne und Schwarze Löcher gelten, die die gleiche Masse, aber unterschiedliche Wärme haben. Ich weiß bisher nicht, ob ein Schwarzes Loch in der Realität heißer sein kann als ein Stern, aber das könnte der Fall sein, wenn ein Stern in der Nähe ist und wenn dieser Stern helle Photonen aussendet, die von diesem Schwarzen Körper absorbiert werden. Wenn ich also zwei sehr kleine oder sehr große Körper mit der gleichen Masse habe und die Wärme des einen Körpers höher ist, müsste zumindest in einem Moment auch die Schwerkraft G höher sein.

In der Astrophysik wird Wärme zwar in Temperatur gemessen, und in der Quantenphysik wird Wärme ebenfalls in Temperatur gemessen, aber diese Wärme stellt Materie dar und hat daher auch Quantengröße. Deshalb empfinden Makrokörper wie Menschen angenehme Wärme durch Quantensterne, die von Quanten-Schwarzen Löchern um sie herum absorbiert werden, während es hell ist (Tag). Folglich können Makrokörper der Quantengravitation widerstehen, weil sie eine höhere Gravitation haben müssten, oder wie ich sage, Makrokörper verursachen eine Supergravitation beziehungsweise Superstrahlung.

Allerdings kann auch Superstrahlung über eine fortgeschrittene Licht- und Wärmetheorie (Abbildung 3) nach Einstein (1905) erklärt werden, da sich c bei der Emission und Absorption von Licht und Wärme nicht ändert. Daher verwende ich

Kolek, Erik (2024). Über die physikalischen Grundlagen der interstellaren Raumfahrt. In: *Chroniken der Wirtschaftsinformatik-Physik (CWIP)*. Band 2, Auflagen-Nr. 1.0. ISBN: 9783758387944.

(40) als fundamentale Grundlage für eine Theorieverbesserung, die zu einer einheitlichen Feldtheorie der Strahlung führt.

(40) $K_0 - K_1 = L\ [(1\ /\ \sqrt{(1 - (v/V)^2)}) - 1]$

(41) $K_0 - K_1 = ([T\ /\ (2 + 8\pi Mk_B)]/V^2 \times v^2/2)[(1\ /\ \sqrt{(1 - (v/V)^2)}) - 1]$

Da ich mir die beiden Koordinatensysteme in relativer Bewegung und die Lichtgeschwindigkeit als Konstante c vorstellen muss, kann ich nun in Anlehnung an Einstein (1916) davon ausgehen, dass alles Quantenmaterie ist (einschließlich elektromagnetischer Felder und Wärmefelder), mit Ausnahme des Strahlungsfeldes, das sowohl in unserem expandierenden Universum als auch in einem Schwarzen Loch als Superstrahlung existieren müsste. So erhalte ich eine neue Einsteinsche Feldgleichung, die eine einheitliche, auf der Lichtgeschwindigkeit basierende Strahlungsfeldtheorie darstellt, die zwei Arten von Licht erklärt – helles und dunkles Licht, dargestellt durch kollidierende helle und dunkle Photonen.

(42) F Superstrahlung = F Quantenstrahlung = F Quantenstrahlungsgesetz I – F Quantenstrahlungsgesetz II = $G_1(K_0 - K_1) - G_2(K_0 + K_1) = 2/V^2 \times v = 1\ /\ \sqrt{(1 - (1/V)^2)} - 1 = 0$

$\sqrt{-g} = 1.$

(42.1) $G_1(K_0 - K_1) - G_2(K_0 + K_1) = (L/V^2 \times v^2/2) + (L/V^2 \times v^2/2) = L\ [(1\ /\ \sqrt{(1 - (v/V)^2)}) - 1]$

(42.2) $G_1(K_0 - K_1) - G_2(K_0 + K_1) = 2(L/V^2 \times v^2/2) = L\ [(1\ /\ \sqrt{(1 - (v/V)^2)}) - 1]\ /\ L$

(42.3) $G_1(K_0 - K_1) - G_2(K_0 + K_1) = 2(1/V^2 \times v^2/2) = 1\ [(1\ /\ \sqrt{(1 - (v/V)^2)}) - 1]\ /\ v$

(42.4) $G_1(K_0 - K_1) - G_2(K_0 + K_1) = 2(1/V^2 \times v/2) = 1\ /\ \sqrt{(1 - (1/V)^2)} - 1$

(42.5) $G_1(K_0 - K_1) - G_2(K_0 + K_1) = 2/V^2 \times v = 1\ /\ \sqrt{(1 - (1/V)^2)} - 1$

Kolek, Erik (2024). Über die physikalischen Grundlagen der interstellaren Raumfahrt. In: *Chroniken der Wirtschaftsinformatik-Physik (CWIP)*. Band 2, Auflagen-Nr. 1.0. ISBN: 9783758387944.

(44) F Superstrahlung = F Quantenstrahlung = F Quantenstrahlungsgesetz I − F Quantenstrahlungsgesetz II = $G_1(K_0 − K_1) − G_2(K_0 + K_1) = 2 = 1 / \sqrt{(1 − (v/V)^2)} − 1$

$\sqrt{−}\,g = 1$.

(44.1) $G_1(K_0 − K_1) − G_2(K_0 + K_1) = (T / (2 + 8\pi Mk_B)]/V^2 \times v^2/2) + (T / (2 + 8\pi Mk_B)]/V^2 \times v^2/2) = (T / (2 + 8\pi Mk_B)]/V^2 \times v^2/2)[(1 / \sqrt{(1 − (v/V)^2)}) − 1]$

(44.2) $2(T / (2 + 8\pi Mk_B)]/V^2 \times v^2/2) = (T / (2 + 8\pi Mk_B)]/V^2 \times v^2/2)[(1 / \sqrt{(1 − (v/V)^2)}) − 1]$

(44.3) $2 = 1 / \sqrt{(1 − (v/V)^2)} − 1$

Kolek, Erik (2024). Über die physikalischen Grundlagen der interstellaren Raumfahrt. In: *Chroniken der Wirtschaftsinformatik-Physik (CWIP)*. Band 2, Auflagen-Nr. 1.0. ISBN: 9783758387944.

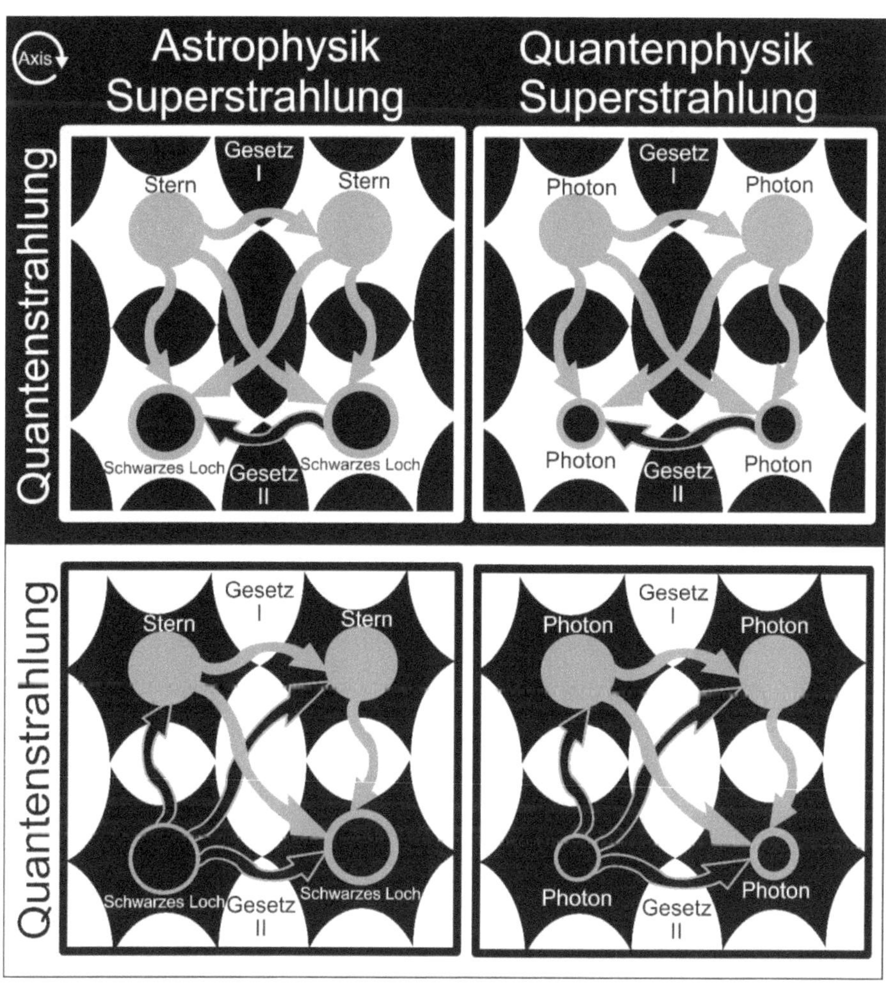

Abbildung 3. Superstrahlung abgeleitet mit einer fortschrittlichen molekular-kinetischen Theorie von Licht und Wärme.

Referenzen

Einstein, A. (1905a). Does the Inertia of a Body Depend upon its Energy Content? *Annalen der Physik* 18, pp. 639–641.

Einstein, A. (1905b). On a Heuristic Point of View Concerning the Production and Transformation of Light. *Annalen der Physik* 17, pp. 132–148.

Kolek, Erik (2024). Über die physikalischen Grundlagen der interstellaren Raumfahrt. In: *Chroniken der Wirtschaftsinformatik-Physik (CWIP)*. Band 2, Auflagen-Nr. 1.0. ISBN: 9783758387944.

Einstein, A. (1905c). On the Movement of Small Particles Suspended in Stationary Liquids Required by the Molecular-Kinetic Theory of Heat. *Annalen der Physik* 17, pp. 549–560.

Einstein, A. (1906). On the Theory of Brownian Motion. *Annalen der Physik* 19, pp. 371–381.

Einstein, A. (1916). Die Grundlage der allgemeinen Relativitätstheorie. *Annalen der Physik* 354(7), pp. 769–822.

Hawking, S. W. (1974). Black hole explosions?. *Nature.* 248 (5443): 30–31.

Hawking, S. W. (1975). Particle creation by black holes. *Communications in Mathematical Physics.* 43 (3): 199–220.

Schwarzschild, K. (1916). Über das Gravitationsfeld eines Massenpunktes nach der Einsteinschen Theorie. *Sitzungsberichte der Königlich Preussischen Akademie der Wissenschaften* 7, pp. 189–196.

Anhang

Da in der Quantenphysik die Energie L (Gravitation G) eines Antiphotons auch eine Art von Energie in Form der Temperatur T sein könnte, muss ich das für die Quantenphysik relevante L durch das für die Astrophysik relevante G ersetzen. Für ein Schwarzes Loch, das Masse und Strahlung absorbiert und freisetzt, wird die vollständige Hawking-Temperatur einschließlich der Gravitation G anstelle der Energie L durch die Gleichung (9a) angegeben.

(9a) $T_{H3} = hc^3 / 8\pi G M k_B + 8\pi G M k_B / hc^3$ (Massenänderung führt zu Temperaturänderung)

Wenn die Schwerkraft G gleich Null ist, müsste auch die Temperatur T gleich Null sein, das bedeutet es gibt keine Temperaturerscheinung. Wenn die Gravitation G zunimmt, müsste auch die Temperatur T in Abhängigkeit von der Masse zunehmen.

Kolek, Erik (2024). Über die physikalischen Grundlagen der interstellaren Raumfahrt. In: *Chroniken der Wirtschaftsinformatik-Physik (CWIP)*. Band 2, Auflagen-Nr. 1.0. ISBN: 9783758387944.

So erhalte ich für ein unbewegtes Anti-Photon die neue Einstein-Hawking-Gravitation G (10a).

(10a) $G_{EH1} = T / (2 + 8\pi Mk_B)$ (Massenreduzierung führt zum Gravitationsanstieg)

(10.1a) $T = hc^3 / 8\pi GMk_B + 8\pi GMk_B / hc^3 // \times hc^3$

(10.2a) $T \times hc^3 = 2hc^3 / 8\pi GMk_B + 8\pi GMk_B // \times 8\pi GMk_B$

(10.3a) $T \times hc^3 \times 8\pi GMk_B = 2hc^3 + (8\pi GMk_B)^2 // /(hc^3 \times 8\pi GMk_B)$

(10.4a) $T = 2 + 8\pi GMk_B // /G$

(10.5a) $T / G = 2 + 8\pi Mk_B // /T$

(10.6a) $1 / G = (2 + 8\pi Mk_B) / T = G / 1 = T / (2 + 8\pi Mk_B)$

Inhaltsübersicht

In diesem Forschungsartikel wird eine fortgeschrittene Theorie von Licht und Wärme entwickelt. Es wurde angenommen, dass es helle und dunkle Photonen geben muss. Diese Wechselwirkung kann in Analogie zu Sternen und Schwarzen Löchern übertragen werden. Je nach Nähe zum Zentrum des sehr großen Körpers treten Effekte wie verstärkte Fusion (hell) oder Abkühlung (dunkel) auf.

Kolek, Erik (2024). Über die physikalischen Grundlagen der interstellaren Raumfahrt. In: *Chroniken der Wirtschaftsinformatik-Physik (CWIP)*. Band 2, Auflagen-Nr. 1.0. ISBN: 9783758387944.

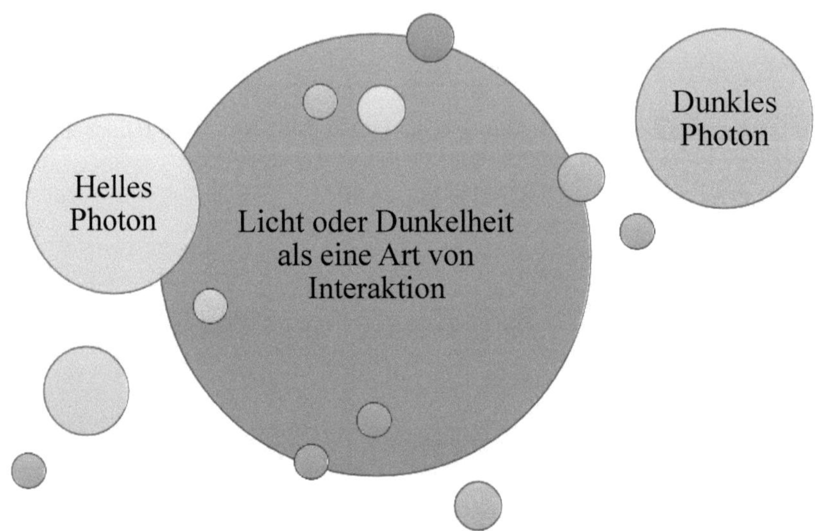

Abbildung 4. Inhaltsübersicht dargestellt durch die Bedeutung der fortgeschrittenen Theorie von Licht und Wärme.